바늘잎나무 숲을 거닐며

바늘잎나무 숲을 거닐며

초　판 1쇄 인쇄 · 2020. 10. 13.
초　판 1쇄 발행 · 2020. 10. 23.

—

지은이　　공우석
발행인　　이상용 이성훈
발행처　　청아출판사
출판등록　1979. 11. 13. 제9-84호
주소　　　경기도 파주시 회동길 363-15
대표전화　031-955-6031　　　팩스　031-955-6036
전자우편　chungabook@naver.com

—

—

바늘잎나무 숲을 거닐며

나무와 사람, 숲이
함께 미래를 꿈꾸다

공우석 지음

청아출판사

PART 2

우리 바늘잎나무 이야기

PART 3

고향을 묻지 마세요

PART 4

바늘잎나무와 살림

PART 5

생명을 살리는 바늘잎나무

PART 6

바늘잎나무의 미래

바늘잎나무가 우거진
숲속으로

'인류세(人類世, Anthropocene)'라는 말은 1980년대에 생물학자 유진 스토머Eugene F. Stoermer가 처음 사용한 뒤 1995년 노벨 화학상을 받은 파울 크루첸Paul J. Crutzen이 세상에 널리 알렸다. 인류세는 홀로세Holocene에 이어 인류가 만든 새로운 지질 시대다. 인류세의 지표는 방사능, 알루미늄, 콘크리트, 플라스틱, 닭 뼈 등이고, 시기는 일반적으로 1950년대로 본다. 고고학자들은 현생 인류가 정착 생활을 하면서 농사를 짓고 지구 생태계에 영향을 주기 시작한 3천 년 전을 기준으로 보기도 한다. 그러나 이제는 인류에게 엄청난 충격과 피해를 주며 새로운 일상 '뉴 노멀'을 이어 가게 한 신종 코로나바이러스 감염증-19(이하 코로나19)가 인류세의 기준이어야 한다.

기후 변화, 미세먼지, 코로나19 시대에 숲을 찾는 발길이 잦다. 나무를 베어내고 숲을 파괴하던 사람들이 코로나19와 함께 다시 나무와 숲을 찾는 이유는 무엇일까? 사람들은 나무와 숲에서 맑은 공기, 생명력, 몸과 마음이 쉴 공간을 떠

올린다.

'세상은 아는 만큼 보인다'라는 말이 있다. 나무와 숲에 대해 알면 자연을 보는 재미가 여러 배로 늘어난다. 한 그루의 나무가 한 자리에 자리 잡기까지 긴 시간을 치열하게 살아온 이력과 사연이 있다. 나무와 숲을 바르게 알면 지역의 역사, 생태, 문화까지 알 수 있고. 자연을 사랑하지 않을 수 없다. 생태적 감수성과 지혜를 가지고 자연을 알면 인간 삶의 질도 높아지고 우리 미래도 밝아진다. 나무와 숲을 알면 눈앞의 자연을 두고도 그 본뜻을 모르는 생태맹生態盲 대신 새로운 세상이 펼쳐진다.

나무와 숲을 배우는 쉬운 방법은 가까운 숲을 자주 찾는 것이다. 숲에 들어서면 앞만 보고 무작정 걷기보다는 발걸음을 멈추고 무릎을 굽혀 풀 한 포기, 나무 한 그루를 자세히 들여다보자. 더 알고 싶으면 나무와 숲에 대한 도감과 책을 가지고 가 보자. 요즘에는 휴대 전화로 사진을 찍으면 그 식물이 무엇인지를 알려 주는 응용프로그램APP도 있어 쉽게 생물과 친해질 수 있다. 보다 자세한 정보는 국립수목원과 같은 기관의 누리집을 찾아보자.

요즘 사람들이 가장 살고 싶어 하는 곳은 숲에 가까운 장소다. 예전에는 주택을 분양할 때 좋은 학교가 모여 있는 학군이나 교통 편리성을 갖춘 역세권이 인기였다. 최근에는 걸어서 10분 거리에 숲이 있는 쾌적한 '숲세권'이 대세다. 코로나19에 지친 사람들이 즐겨 찾는 곳이 바로 공원, 마을 뒷산, 깊은 산이다.

사람들이 다시 나무와 숲을 찾는 것은 인류가 자연 속에서 살아온 긴 여정과 관계가 깊다. 나무에 대해 알고 떠나면 숲에서 더 많은 것을 배우고 즐기며 누릴 수 있다.

오늘날 한반도에는 28여 종의 자생종 바늘잎나무 또는 침엽수가 백두산 정상부터 한라산을 거쳐 마라도 해안까지 전국적으로 분포한다.

주변에 흔하지만 사람들이 제대로 알지 못해 관심 밖에 있는 바늘잎나무의 지리, 생태, 역사, 문화, 환경, 산업, 치유, 기후 변화 등을 들여다보며 자연 생태 답사를 떠나자. 이 책이 바늘잎나무를 통해 자연을 보는 새로운 눈을 갖도록 도와줄 자연 생태 길라잡이가 되기 바란다.

기후 변화, 미세먼지, 조류 독감, 구제역, 미세 플라스틱, 환경오염, 코로나19로부터 자유로운 피난처이며 몸과 마음을 쉬게 할 수 있는 안식처를 찾아서 바늘잎나무 숲으로 들어가 보자.

PART 1

침엽수 알아보기

숲으로 산책이나 소풍을 가면 기분이 좋아집니다. 나무가 울창한 숲을 찾으면 건강해지고 행복해지는 느낌도 들죠. 숲에서 나무를 보며 신선한 공기를 마시면 그동안 쌓인 스트레스가 줄어들고 몸도 마음도 편해집니다. 더구나 숲에 자라는 나무와 풀, 야생동물을 보는 눈을 가지면 지금까지와는 다른 새로운 세상을 볼 수 있습니다. 이제부터 하늘을 향해 우뚝 솟아오른 바늘잎나무가 울창한 대관령자연휴양림으로 가 보실까요.

금강소나무 숲
강원 강릉 대관령자연휴양림

숲으로
가 볼까요

숲은 땅을 기름지게 해 주고, 맑은 물을 흘려보내 주며, 공기를 깨끗하게 하고, 수많은 동식물이 살아가는 터전이 된다. 예로부터 사람들은 숲에서 의식주에 필요한 나물, 열매, 버섯, 땔감, 거름, 목재, 생활재료 등을 구했다. 오늘날 숲은 레저, 스포츠, 예술, 명상, 휴식, 요양, 산업의 공간이다. 미세먼지를 줄이고 기후 변화를 막아 주는 파수꾼이기도 하며, 생물 다양성을 이어 주고, 질병을 치유하고, 코로나19와 같은 전염병을 잊게 해 주어 숲의 가치는 갈수록 높아지고 있다. 숲이 우리에게 주는 혜택은 오염되지 않은 자연 속에 다양한 바늘잎나무와 넓은잎나무, 풀, 야생동물들이 어우러져 있을 때 더욱 커진다.

우리나라 국토 면적 1,003만 3,949ha(ha, 100m×100m로 넓이 1만㎡, 3,025
평) 가운데 숲이 차지하는 면적은 633만 4천ha 정도다. 종류별로는 바
늘잎나무 숲(침엽수림), 넓은잎나무 숲(활엽수림), 바늘잎나무 숲과 넓은잎
나무 숲이 섞인 혼합림(혼효림), 대나무 숲(죽림), 나무가 자라지 않는 산
지 순이다.

우리 숲의 면적은 국토의 64%로 세계 평균인 31%의 두 배도 넘는
다. 숲 비율은 경제협력개발기구OECD 회원국 가운데 독일, 스위스, 스
웨덴에 이어 네 번째로 높다. 대관령자연휴양림에는 100여 년 전에
솔 씨의 싹을 틔워 심어 가꾼 아름드리 금강소나무가 자란다. 그러나
인구 밀도가 높아 1인당 삼림 면적은 0.13ha로 세계 평균값의 20% 수

준이다.

한반도에 자생하는 대표적인 나무는 소나무, 잣나무, 전나무 등의 바늘잎나무와 신갈나무, 상수리나무, 굴참나무, 졸참나무 등 참나무류, 고로쇠나무, 물푸레나무, 피나무 등 넓은잎나무이다. 주변에 어떤 나무들이 사계절 다른 모습으로 우리 삶의 터전을 풍요롭게 해 주는지 알아보자.

최근 국립산림과학원이 발표한 바에 따르면, 숲을 1년 동안 한 번이라도 방문한 사람이 방문하지 않은 사람보다 삶의 질이 6.8% 더 높은 것으로 나타났다. 숲을 방문하는 횟수가 많을수록 개인 삶의 만족도가 높았다. 코로나19 시대에 숲을 찾는 것이 삶의 질을 높이는 가장 쉽고 경제적인 방법이다. 바늘잎나무 숲으로 떠나 보자. 어제보다 나은 삶을 위하여.

숲이
주는 것

숲은 도시와 공장이 내뿜는 분진과 매연을 걸러 주는 천연 공기 청정기이다. 지구 온난화를 부추기는 이산화탄소 등 온실 기체를 흡수하고 기온과 습도를 조절해 공기를 상쾌하게 하면서 기후를 조절한다. 잘 가꾸어진 숲 1ha는 해마다 16톤의 이산화탄소를 흡수하고, 12톤의 산소를 내준다. 사람은 하루에 0.75kg의 산소를 필요로 하므로 1ha의 숲 덕분에 45명이 숨 쉴 수 있다. 바늘잎나무 20여 그루는 한 사람에게 평생 필요한 산소를 공급해 준다. 1ha의 바늘잎나무 숲은 1년 동안 약 30~40톤, 넓은잎나무 숲은 68톤의 먼지를 걸러 준다.

숲은 거대한 녹색 댐으로 1년 동안 소양강댐 10개와 맞먹는 양인 180억 톤의 물을 걸러 주고 저장한다. 민둥산에서는 빗물의 10% 정도만이 지하수가 되지만, 나무가 많은 산에서는 빗물의 35%가 땅속으로 스며든다. 숲의 풀과 나무, 낙엽, 부러진 가지들은 흙을 끌어안아 땅이 무너지지 않도록 하는 능력이 황폐지의 227배다. 산에 숲이 울창하면 산사태, 낙석, 홍수 같은 자연재해가 적다. 숲은 곤충, 물고기, 양서파충류, 새, 젖먹이 동물 등 모든 야생 동물의 생활 공간이기도 하다.

사회에 대한 숲의 공익적 기능은 토사 유출 방지, 산림 휴양, 홍수 조절, 수자원 확보, 산림 경관, 산소 공급, 생물 다양성, 대기질 개선, 온실가스 흡수, 열섬 현상 완화 등이다. 숲이 주는 공익적 가치를 돈으로 따지면 2018년 기준으로 약 221조 원에 달한다. 한 사람에게 해마다 428만 원 정도의 혜택을 주는 셈이다. 사람들이 시간이 나면 숲으로 걸음을 재촉하고 숲 가까이에 보금자리를 갖고 싶어 하는 것도 나무와 숲이 주는 혜택을 알기 때문이다.

숲을 알기 위한 첫걸음은 숲으로 들어가는 것이다. 이제부터 가장 흔하고 눈에 잘 띄는 바늘잎나무 숲으로 가자.

해질녘 바늘잎나무 숲

나무
알아가기

나무를 뜻하는 한자인 목木은 나무의 뿌리와 줄기 모양을 본뜬 글자로, 땅에 뿌리를 박고 하늘로 가지를 펼친 모습이다. 나무 목木 둘이 모이면 수풀 림林, 셋이 모이면 울창한 숲을 뜻하는 수풀 삼森이다. 나무들이 무리를 이루어 만든 숲이 삼림森林이다. 나무 목木은 죽은 나무나 목재까지 포함하지만, 나무 수樹는 가로수, 노거수처럼 살아 있는 나무를 뜻한다. 흔히 쓰는 산림山林은 나무들이 모여 자라는 산이나 숲을 뜻한다. 우주의 모든 법칙을 뜻하는 삼라만상森羅萬象도 나무 한 그루로부터 시작된다.

　나무는 소나무, 잣나무 같은 잎이 바늘처럼 뾰족한 바늘잎나무인 침엽수針葉樹와 신갈나무, 동백나무와 같이 이파리가 큰 넓은잎나무인 활엽수闊葉樹로 나눈다. 잎이 달려 있는 기간에 따라서는 잎이 늘 푸른 상록수常綠樹와 봄에 싹이 나와 가을에 잎이 지는 낙엽수落葉樹가 있다. 우리나라 낙엽수는 추운 겨울을 나려고 가을에 단풍이 들고 잎이 지는데, 겨울이 없는 열대에서는 비가 적은 건기에 잎이 떨어진다. 한반도에 자라는 바늘잎나무는 대부분 늘푸른바늘잎나무(상록침엽수)지만, 잎갈나무(이깔나무)는 봄에 새잎이 나오고 가을에는 낙엽이 지는 잎지는바늘잎나무(낙엽침엽수)다.

나무는 진달래, 개나리처럼 땅에서부터 줄기가 여러 갈래로 뻗어 나오는 키 작은 떨기나무인 관목灌木과 하나의 줄기가 위로 곧게 자라 나무 위쪽에서 가지가 퍼지는 큰키나무인 교목喬木으로 나눈다. 바늘잎나무는 대부분 키가 큰 교목으로 자라지만 눈향나무, 눈잣나무, 눈측백(찝방나무), 눈주목 등은 땅 위를 기면서 자란다.

바늘잎나무는 은행나무, 소철 등과 함께 씨가 밖으로 드러나는 겉씨식물 또는 나자裸子식물로 원시적인 나무다. 겉씨식물은 씨를 만들어 번식하나 꽃이 피지 않는 식물이며 밑씨가 밖으로 드러나 있다. 바늘잎나무는 진화적으로 홀씨(포자)로 번식하는 양치식물과 꽃을 피워 씨로 번식하며 씨가 씨방으로 둘러싸인 속씨식물 또는 피자被子식물의 중간 단계에 있다. 겉씨식물과 속씨식물은 씨를 만들어 후손을 남기는 종자種子식물이다.

바늘잎나무의 꽃가루는 바람을 타고 운반된다. 소철류보다 더 진화해서 밑씨를 가진 솔방울인 구과毬果, cone와 꽃가루를 가진 꽃이 같은 나무에 열려 꽃가루받이가 쉽다. 바늘잎나무는 성공적으로 진화한 끝에 세계 삼림의 3분의 1을 차지하고 있다. 삼나무 등 일부 바늘잎나무는 봄에 많은 꽃가루를 만들어 날려 알레르기를 일으키기도 한다.

나무는 햇볕이 잘 드는 곳에 사는 소나무, 향나무 등 양수陽樹와 그늘에서도 잘 견디며 살아가는 주목, 비자나무, 서어나무 등 음수陰樹로 나뉜다. 햇볕을 좋아하는 소나무는 나무가 등장하는 천이 초기에 자리 잡는 나무다. 숲이 우거지고 땅이 기름져지면 그늘에서 견디며 살아가는 물푸레나무, 참나무류 같은 음수가 퍼진다.

우리 조상들은 식용, 약재, 생활용품을 만드는 등의 자원적 가치가 있는 식물에 대해서는 관심이 많았지만, 이를 과학적으로 분류하고 기재하는 일에는 소홀했다. 20세기 초를 전후로 우리나라에 들어온 서양 군대, 상인, 성직자들이 식물이 채집해 해외로 내보내면서 한반도 식물이 외부 세계에 알려졌다. 일제 강점기에는 일본인이 우리 식물에 일본식 학명學名을 붙였고, 아직도 그 이름을 사용하고 있다. 우리 학자들이 우리 식물에 대해 처음 기록한 것은 1937년에 발간된 《조선식물향명집朝鮮植物鄉名集》이다.

나무나 풀의 이름을 알고 싶으면 사진으로 식물 이름을 알려 주는 휴대 전화 앱APP을 사용해 보자. 또한 산림청 국립수목원 '국가표준식물목록 시스템'(http://www.nature.go.kr/kpni/index.do)에서도 자세한 정보를 알려 준다.

툰드라 지역
나무가 자라지 못하는

바늘잎나무가 지나온
먼 길

바늘잎나무 등 겉씨식물은 3억 년 전쯤 나타나 1억 5천만 년 전까지 번성했다. 2억 5천여만 년 전은 생물 대멸종기로, 해양 생물의 95%, 육상 생물의 70%가 사라졌다. 2억 4,500만~1억 8천만 년 전에는 양치식물과 겉씨식물인 소철, 은행나무, 소나무, 삼나무 등 바늘잎나무의 시대였다. 초기 겉씨식물이 점차 밀려나면서 측백나무, 소나무, 메타세쿼이아 등 솔방울을 맺는 구과식물이 많아졌다. 2억 년 전 초식 공룡은 온난 습윤한 아열대 기후에서 바늘잎나무를 먹고 살았다. 1억 2,500만 년 전에는 소철, 바늘잎나무 같은 겉씨식물이 지구를 지배했고, 속씨식물은 그 수가 적었다. 1억 년 전에는 바늘잎나무가 숲을 이루면서 공룡의 세상이 되었다. 백악기 초기에는 삼나무, 측백나무, 칠레삼나무 등 바늘잎나무가 삼림을 이루었으며 꽃가루는 바람에 날려 수정됐다. 백악기 중기인 약 9,900만 년 전쯤에 이르러 바람의 도움으로 번식하던 바늘잎나무 대신 속씨식물이 번성했다. 9천만 년 전부터는 바늘잎나무가 드물어지며 공룡도 줄었고, 6,500여만 년 전부터 바늘잎나무가 쇠퇴하면서 공룡도 멸종했다.

신생대 제3기인 533만~258만 년 전에는 기온이 낮고 건조해져 바늘잎나무, 자작나무 등 추위에 강한 한대성 나무들이 세력을 넓혔다. 현재보다 기후가 따뜻할 때는 삼림 한계선이 오늘날보다 1,600㎞ 북쪽까지 넓어졌다.

지금으로부터 약 258만 년에서 1만 2천 년 전에는 신생대 제4기 플라이스토세Pleistocene로 빙하기와 간빙기가 교차했다. 오늘날 지표의 10%를 덮고 있는 빙하가 당시에는 북반구의 30%를 덮을 정도로 추웠다. 기후가 한랭해지면서 북유럽과 북미 대륙에는 두께 1.5~4㎞의 대륙 빙하가 만들어졌고, 해수면은 오늘날보다 100~140m 정도 낮아졌다. 플라이스토세 후기에 추워지면서 나무가 자라지 못하는 툰드라tundra와 바늘잎나무가 우점하는 타이가taiga의 면적도 넓어졌다.

플라이스토세 빙하기에는 추위를 견디는 북쪽의 나무들조차 한랭한 기후를 피해 남쪽으로 피난처refugia를 찾아 이동했다. 한반도 높은 산꼭대기에 드문드문 자라는 분비나무, 가문비나무, 눈향나무, 눈측백 등 북방계 바늘잎나무들은 빙하기에 이동해 온 살아 있는 자연 유산이다. 설악산은 유라시아 대륙에서 눈잣나무가 자라는 남방 한계선으로, 빙하기에 북방의 추위를 피해 피난해 온 나무의 유존종이 살아가는 곳이다.

약 1만 2천 년 전 시작된 홀로세에는 기후가 온난해지면서 빙하가 후퇴하고 해수면이 높아졌다. 홀로세는 작물을 재배하고 가축을 사육하기 시작한 신석기 시대로, 사람들이 불을 질러 경작지를 넓히면서 소나무를 비롯한 숲은 본격적으로 교란되고 파괴됐다.

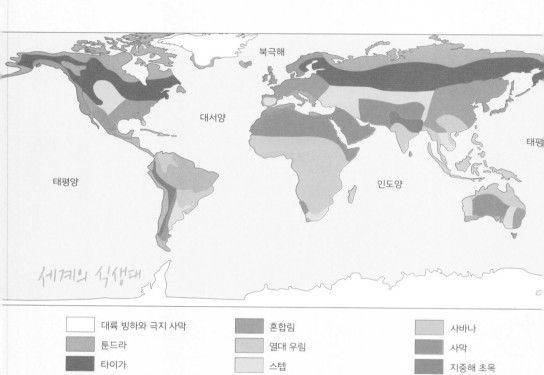

북극해

대서양

대평양

태평양

인도양

태평

세계의 식생대

	대륙 빙하와 극지 사막		혼합림		사바나
	툰드라		열대 우림		사막
	타이가		스텝		지중해 초목
	고산 툰드라와 산지림				

바늘잎나무의
오늘

오늘날 북반구 북극점에서부터 남쪽으로 내려가면 차례로 북극해, 연중 대륙 빙상으로 덮여 있는 빙권冰圈, 나무가 거의 자라지 못하는 툰드라, 바늘잎나무가 우점하는 타이가, 바늘잎나무와 넓은잎나무가 섞여 자라는 혼합림대(혼효림대), 잎지는넓은잎나무가 많은 낙엽활엽수대, 늘푸른넓은잎나무가 자라는 상록활엽수림대, 일 년 내내 잎이 지지 않는 열대 우림이 나타난다. 해발 고도가 높아지면 기후대와 식생대가 달라지며, 대륙 내부로 가면 초지나 사막으로 바뀐다.

   바늘잎나무가 울창하게 자라는 타이가는 나무가 자라지 못하는 툰드라의 남쪽인 북위 50~70도에 나타난다. 타이가는 여름 월평균 최고 기온이 10도보다 높고 습기가 많은 곳으로 늘푸른바늘잎나무인 가문비나무류, 전나무류, 잎지는바늘잎나무인 잎갈나무류 등이 흔하다. 물 빠짐이 좋은 곳에는 소나무류가 관목, 초본류와 함께 자라고, 춥고 건조한 곳에는 잎갈나무류가 많다.

20세기에 들어서는 생활에 필요한 목재를 주로 적도에 가까운 열대 우림에서 가져왔다. 그러나 벌목, 열대 작물 경작지 확장, 지하자원 개발로 열대 우림의 생물 다양성이 크게 줄고 기후 변화가 심해지면서 목재를 얻기 어려워졌다. 특히 온대 북부 타이가 지역에서 벌목이 활발해지고, 원유, 천연가스, 석탄 등 화석 연료와 지하자원을 캐내면서 바늘잎나무 숲이 더욱 빠르게 줄고 있다. 더구나 심한 기후 변화와 잦은 산불로 생물 다양성이 감소하는 등 부작용도 커지고 있다. 타이가는 기온이 낮아 나무 생장이 더딘 곳으로 한번 훼손되면 쉽게 회복되지 않기 때문에 이용과 개발에 신중해야 한다.

세계자연보전연맹IUCN 자료에 따르면, 생물 다양성 감소 추세는 가팔라서 조류의 8분의 1, 포유류의 4분의 1, 바늘잎나무의 3분의 1, 양서류의 3분의 1이 멸종 위기에 있다. 또한 농작물의 유전적 다양성의 75%, 세계 어장의 75%가 사라졌다. 생물 다양성이 줄면 자연이 인류에 주는 혜택이 크게 줄고, 인류의 생존마저 위협받게 된다.

바늘잎나무 분포도

주목 열매의 가짜 씨껍질
대전 한밭수목원

가깝고도 먼
이웃

지구상에 자라는 바늘잎나무는 소나무과, 남양삼나무과, 나한송과, 금송과, 측백나무과, 개비자나무과, 주목과 모두 7개 과, 65~70속, 600여 종이다. 바늘잎나무는 종수는 적지만 열대에서 한대 지방까지 폭넓게 분포하며, 북반구에는 430여 종, 남반구는 200여 종이 자란다.

바늘잎나무의 분포 중심지는 30여 속이 분포하는 중국, 히말라야, 인도차이나 등이다. 한반도, 일본 열도, 러시아 극동 지역에 16여 속의 바늘잎나무가 자란다. 온대 기후대인 유럽, 동북아시아, 북아메리카에서 바늘잎나무는 자원적 가치가 높고 생태적으로 중요하다.

겉씨식물에서 소철문, 은행나무문, 매마등목을 빼고 뾰족한 바늘잎과 함께 솔방울 또는 구과毬果를 맺는 겉씨식물을 송백류松柏類라고 부르기도 한다. 구과식물은 겉씨식물 구과목에서 소철류와 은행나무류를 제외한 무리를 말한다. 은행나무는 우리나라에서 화석으로 출토되지만, 지금 자라는 종은 중국이 원산지이며, 오래전에 도입해 심은 것이다.

중생대에 우점했던 바늘잎나무는 지금은 꽃피는 식물에 밀려 넓은잎나무보다 종수가 훨씬 적다.

바늘잎나무는 소나무처럼 잎이 바늘같이 뾰족하여 지어진 이름이다. 그러나 측백나무와 같이 마디 모양으로 잎이 약간 넓은 것도 있고, 향나무처럼 잎이 가늘고 작은 매듭처럼 된 종류도 있다. 바늘잎나무는 솔방울이 달리는 소나무류부터 가짜 씨껍질이 있는 주목류까지 생김새가 다양하다.

바늘잎나무 가운데 전나무속, 잎갈나무속, 소나무속은 유럽, 아시아, 북아메리카에 자란다. 삼나무속, 개잎갈나무속은 중국과 일본에 많고, 노간주나무속은 지중해 해안에서 히말라야산맥 서부에 주로 분포하며, 솔송나무속은 한국을 비롯한 동아시아와 북아메리카에만 자생한다. 낙우송과의 금송속은 일본 특산이고, 대만삼나무속은 중국과 타이완, 좀삼나무속은 중국에 분포한다.

우리나라에서 소나무는 전국에 걸쳐 널리 자라지만, 한라산, 지리산, 설악산, 덕유산 등 아고산대에는 잣나무, 분비나무, 구상나무, 가문비나무 등 한랭한 기후에 적응한 바늘잎나무가 분포한다. 기후가 혹독하고 토양이 척박한 고산대에는 눈향나무, 눈잣나무, 눈측백 등이 자란다. 솔송나무, 섬잣나무처럼 울릉도에만 자라는 종류도 있다.

세모꼴의 가문비나무
지리산

왜 바늘잎으로
살았을까?

바늘잎나무는 어떻게 오래 살게 되었고 키도 커졌을까? 가늘고 뾰족
하면서 늘 푸른 바늘잎나무의 잎, 가지, 줄기 등에 생리 생태적 특성
과 적응 전략의 해답이 있다.

 바늘잎나무는 넓은 잎을 가진 나무보다 생리적으로 유리하다. 바늘
잎나무는 잎 표면적이 작아 수분을 적게 소모하고, 물이 잎의 기공에
서 기체 상태로 식물 밖으로 빠져나가는 증산 작용으로 소모되는 물
의 양이 적다. 또한 잎이 가늘어서 물이 적어도 생존할 수 있고, 발산
하는 열이 적어 열 손실도 적다. 바늘잎나무들은 기온이 낮은 지역에

서 수분을 빼앗기지 않고 바람의 저항을 줄이려고 잎이 가늘고 뾰족하다. 북쪽의 늘푸른바늘잎나무들은 수분을 잎에 저장하기 유리한 바늘잎이다.

바늘잎나무들은 대부분 늘푸른바늘잎으로 늦가을부터 이른 봄에도 기온이 오르면 광합성을 하므로 다른 식물들과의 자리다툼에도 유리하다.

한편 바늘잎나무는 늘푸른바늘잎나무와 잎지는바늘잎나무가 있는데, 늘푸른바늘잎나무는 잎 수명이 상대적으로 길다. 바늘잎나무에 붙어 있는 것은 1~2년 자란 어린잎들이고, 2~3년이 지나면 잎이 떨어진다. 늦가을에 기온이 내려가면 봄과 여름에 왕성하게 만들어지던 옥신auxin, 생장 호르몬이 줄어 나무줄기와 잎자루 사이에 틈새가 생겨 떨어진다. 늘푸른바늘잎나무의 나뭇잎들을 자세히 관찰하면 시간이 지나 시들어 떨어지는 것을 볼 수 있다.

늘 푸를 것만 같은 늘푸른바늘잎나무들은 1~4년에 한 번씩 새잎으로 바꾸지만, 가문비나무 바늘잎의 수명은 15년 정도이고, 바늘잎 수명이 40년 이상인 나무도 있다.

추운 겨울에도 푸른 잎을 가지고 있는 바늘잎나무는 초겨울이나 초봄에 온도가 낮더라도 햇빛이 적당하면 광합성을 한다. 식물은 광합성을 할 때 물이 필요한데 바늘잎나무는 물을 나르는 헛물관의 지름이 넓은잎나무보다 훨씬 작다. 따라서 헛물관이 얼어도 공기 방울이 잘 생기지 않고, 생겨도 크기가 작아 나무에 다시 흡수돼 조직에 주는 피해가 적다. 겨울 추위에도 늘푸른바늘잎이 얼지 않는 것은 프롤린, 베타인과 같은 아미노산과 당분이 부동액으로 작용해 잎이 얼어서 세포가 파괴돼 죽는 동해冬害를 막아 주기 때문이다.

겨우내 잎을 달고 있는 바늘잎나무에게 눈은 가장 어려운 상대다. 습기가 많은 폭설이 내리면 바늘잎나무는 눈 무게를 견디지 못하고 가지가 부러지기 쉽다. 이 때문에 한라산 구상나무, 지리산 가문비나무, 울릉도 솔송나무 등은 가지가 잘 부러지지 않도록 나무 생김새가 삼각형이다.

백두산 천지와 개마고원에 자생하는 잎갈나무(이깔나무)는 가지가 질기지 않아 쉽게 부러진다. 대신 가을에 단풍이 들고 눈이 많은 겨울에는 낙엽이 지기 때문에 가지에 눈이 쌓여 부러지는 피해가 적다. 따라서 바늘잎나무는 춥고 긴 겨울에 비해 여름이 짧은 곳, 기후가 한랭한 곳, 높은 산 등에서 경쟁력이 있다.

경기 포천 국립수목원

잎 지는 바늘잎나무 메타세쿼이아

잎 지는 바늘잎나무

바늘잎나무의
몸

나무에는 암꽃과 수꽃이 모두 피는 암수한그루와 암꽃과 수꽃이 달리는 그루가 서로 다른 암수딴그루가 있다. 은행나무는 암수딴그루 나무여서 암나무 근처에 수나무가 있어야 열매를 맺는다. 반면 소나무는 암꽃과 수꽃이 한 그루에 피어서 암수가 구별되지 않는다. 소나무 등 바늘잎나무는 바람에 의해 꽃가루받이를 하므로 수나무는 꽃가루를 많이 만들어 암나무로 퍼뜨리려 한다. 암수 꽃이 같은 나무에 피지만, 보통 수꽃이 암꽃 아래쪽에 피고 암수 꽃이 피는 시기에 일주일 정도 차이가 있어 같은 나무에서 수정이 되는 것을 피한다. 봄비가 온 뒤 고인 물에 떠 있는 노란 가루는 바람에 날린 소나무 꽃가루(폴렌, pollen)가 모여 있는 것이다.

숲에서 나무들이 치열하게 자리다툼을 하는 데는 광합성을 위한 햇볕은 물론이고, 물, 땅도 중요하다. 물이 적당하면 나무에 좋지만, 땅속에 물이 너무 많으면 뿌리에 산소가 공급되지 않는다. 호흡하지 못하면 나무는 썩어서 죽는다. 경북 울진 소광리 금강소나무, 한라산과 지리산의 구상나무와 가문비나무들이 집단으로 말라 죽는 것은 지구온난화에 따른 봄철 수분 부족 스트레스가 원인의 하나다. 봄이 되면 겨울에 쌓인 눈이 녹아서 토양에 수분을 공급해야 하는데 겨울 기온이 오르면서 적설량이 줄고 봄 가뭄으로 강수량까지 줄면서 수분 부족에 따른 생리적 스트레스가 바늘잎나무를 말라 죽게 한다. 이에 더해 생육기인 봄과 여름의 온난화와 함께 태풍과 강풍이 불면 가지와 줄기가 흔들리면서 뿌리까지 들어 올리는 물리적인 스트레스도 바늘잎나무가 말라 죽는 데 한몫을 한다.

바늘잎나무들은 대부분 늘푸른바늘잎을 가지고 있지만 재래종인 잎갈나무, 외래종인 일본잎갈나무, 낙우송, 메타세쿼이아는 늦가을이 되면 노랑, 황갈색의 단풍이 들고 해마다 낙엽이 지는 바늘잎나무다. 일부 바늘잎나무가 낙엽이 지는 나무인 이유는 몸에 있는 수분을 보존하기 위해서이다. 광합성이나 증산 작용 등 대사 작용이 줄어듦에 따라 불필요한 낭비를 줄이려고 몸을 움츠리는 것이다.

식물국회,
식물인간은 없다

국회에서 열심히 활동해야 할 국회의원들이 정치적 이해관계 때문에 입법, 심의 활동 등을 멈추고 대립하면서 시간을 버리면 이를 꼬집어 '식물국회'라고 한다. 그러나 이는 식물이 움직이지 않으니 아무 일도 하지 않고 늘 그 자리에서 놀고먹고 지낸다고 오해한 끝에 나온 잘못된 표현이다. 식물은 잠깐의 시간도 허투루 쓰지 않고 치열하게 경쟁하면서 살고 있다. 따라서 일하지 않는 국회를 못마땅하게 여겨 '식물국회'라고 부르는 것은 식물을 모르는 무식한 소리다. '식물국회'보다는 '일하지 않는 국회'라는 표현이 어울린다.

같은 이유로 대뇌가 손상돼 의식과 운동 기능은 없으나 호흡, 소화, 흡수, 순환 활동을 하면서 생명을 유지하는 사람을 '식물인간'이라고 부르는 것도 환자 인격에 마땅하지 않다.

식물은 살아 있는 동안 계절이 없이 쉬지 않고 열심히 일한다. 겨울에도 늘푸른바늘잎나무는 푸른 잎을 달고 광합성을 할 기회를 기다린다. 커다란 나무들이 많은 숲속에서는 적은 양의 빛이라도 흡수해야 살아갈 수 있으므로 나뭇잎은 엽록소가 많은 진한 녹색을 띠고 있다. 겨울은 길지만 여름이 너무 짧은 한대 지역에서는 에너지를 많이 들여 해마다 새잎을 만들기보다는 이미 만든 잎으로 겨울을 버티는 것이 유리하다.

이른 봄에도 늘푸른바늘잎나무들은 조건이 맞으면 광합성을 하면서 다른 식물과 경쟁하지 않고도 햇빛, 물, 양분을 차지하므로 자리다툼에 유리하다. 그러나 바늘잎나무는 가뭄으로 수분이 부족하거나 기온이 높아져 수분을 많이 빼앗기면 수분 부족 스트레스로 말라 죽기 쉽다. 한라산 구상나무는 북사면보다는 햇볕을 많이 받는 남사면과 수분 경쟁이 심한 나무들이 빽빽한 숲, 암석지에서 건조 피해로 고사목이 되기 쉽다.

가을이 되어 기온이 5도 이하로 떨어지면 잎지는나무들은 겨울나기를 위해 잎을 떨어뜨리려고 잎자루 부분에 '떨켜'라는 특수한 세포층을 만든다. 떨켜가 생기면 잎에서 만들어진 탄수화물, 아미노산 등이 줄기로 옮겨 가지 못하고 막히면서 나뭇잎에서 녹색의 클로로필이 분해되고 엽록소가 파괴된다. 나뭇잎은 당 성분으로 쌓인 채 엽록소에 가려져 있던 안토시안, 카로틴, 크산토필 때문에 여러 색의 단풍이 든다.

바늘잎나무 줄기에도 혹독한 환경을 이겨 내는 능력이 숨어 있다. 소나무, 전나무 등 바늘잎나무는 뿌리에서 잎끝까지 물을 공급하는 헛물관 길이가 꽃을 피우는 속씨식물 물관의 10분의 1밖에 되지 않는다. 3mm 크기의 헛물관을 가진 바늘잎나무는 단세포로 구성된 헛물관들이 만나는 위치에 있는 밸브의 효율성이 높다. 바늘잎나무 가지를 통과하는 물의 흐름에 대한 저항은 바늘잎나무와 속씨식물이 같았으나 바늘잎나무의 밸브가 효율성이 훨씬 높아 지금까지 살아남았다. 수백만 년 전에 멸종했어야 할 바늘잎나무가 지질 시대부터 지금까지 살아남은 비결이다. 나무들은 겉으로는 소리 없이 자라는 것처럼 보이지만 실제로는 지구상에 등장한 이래로 치열하게 싸우며 경쟁에서 살아남아 오늘에 이르렀다.

수관 기피
충북 보은 속리산

고개 들어
숲을 쳐다보자

모처럼 시간을 내서 산이나 공원에 가더라도 앞만 보면서 열심히 걷고 운동만 하면 숲의 아름다운 모습을 보지 못한다. 하늘을 향해 고개를 들어 나무들을 올려다보거나, 사진으로 하늘과 나무를 같이 찍으면 새로운 자연을 볼 수 있다.

하늘을 향한 나무들은 가지 위 바깥쪽이 서로 겹치지 않고 어우러진 퍼즐과 같은 모양을 한다. 이웃한 나무들끼리 일정한 거리를 두고 줄기, 가지, 잎들이 크게 겹치지 않으면서 아름다운 틈새를 만들어 낸다. 마치 나뭇가지들이 서로 수줍어하면서 몸을 움츠린 것처럼 보인다. 이를 나무들이 떨어져 자란다고 해서 수관 기피樹冠忌避, crown shyness라고 한다. 나무들은 서로 일정한 거리를 두고 사는, 흔히 우리가 '사회적 거리 두기'라고 잘못 부르는 '물리적 거리 두기'를 하면서 지혜롭게 살고 있다.

수관 기피는 나무줄기와 가지 위에 나뭇잎들이 어우러져 만들어 낸 것으로, 나무들의 수관이 서로 겹치지 않게 떨어져서 각 나무 윗부분이 서로 닿지 않게 일정 공간을 남겨두는 현상이다. 특히 숲 꼭대기 키 큰 나무 사이에서 각 나무의 가지 끝부분이 뚜렷한 영역과 경계를 두고 자라는 모습을 볼 수 있다.

숲속 나무들이 각자 일정한 거리를 유지하며 서로에게 피해 주지 않고 배려하면서 동반 성장하는 것에는 여러 가지 이유가 있다. 먼저 바람이 불어 다른 나뭇가지와 마찰하면 나뭇가지가 제대로 성장하지 못하므로 가까이 있는 나무들이 서로 닿지 않도록 하여 마찰로 인한 기계적인 손상을 피하는 것이다. 식물이 자신과 후손을 위해 화합물을 만들어 다른 식물을 밀어내는 타감 작용他感作用, allelopathy으로 서로 의사소통하는 것으로도 본다. 나무들은 빛 수용체를 통해 다른 나무들과 가까이 있다는 것을 알고 서로 수관이 겹치지 않도록 조절한다는 것이다. 나무들이 서로 거리를 유지함으로써 해충이나 전염병으로부터 스스로 보호한다고도 본다. 아무튼 나무들은 서로 빛, 화학 물질, 마찰, 병해충의 이동을 피해 적당한 거리를 두고 서로에게 피해를 주지 않고 공생하는 지혜를 발휘하는 것이다.

오늘날 인류 역사에서 어떤 전염병보다도 위협적이고 피해를 주는 코로나19의 전파를 막으려고 사람들 사이에 '물리적 거리 두기'가 강조되고 있다. 빠르게 퍼지는 전염병의 감염을 막는 것은 중요하다. 그와 함께 코로나19가 왜 발생했는지, 어떻게 전파되고 확산됐는지, 무엇이 문제를 키웠는지 등에 대해 보다 근본적인 질문과 해답을 찾아야 한다. 나무들이 일정한 거리를 두고 서로의 영역을 지키면서 사는 지혜를 배워야 한다.

숲을 베고 도로, 경작지, 축사, 주거지를 넓히면서 자연 생태계를 파괴하고 교란하면서 바이러스를 가진 야생 동물들은 끌어들여 전파를 부추긴 실수를 반복하지 말아야 한다. 반려동물을 사랑하듯이 자연에 사는 동식물을 배려하고 자연 법칙을 존중하면서 '자연의 권리'를 인정하고 지구와 사람이 공생할 때에만 밝은 미래를 누릴 수 있다.

PART 2

우리 바늘잎나무 이야기

숲은 자연환경과 조화와 균형을 이루며 가장 자연스런 모습으로 변해 갑니다. 숲의 변화 과정을 한 세대를 사는 사람의 눈으로 확인할 수 없을 정도로 오랜 세월에 걸쳐 서서히 바뀝니다. 온대 지방에서 식물 천이의 마지막 단계인 극상까지 이르려면 150여 년 정도 걸립니다. 이 때문에 산과 섬으로 답사를 다니면서도 숲이 앓고 있는 문제에 대해 쉽게 원인과 해결책을 내놓기가 쉽지 않습니다. 숲이란 정지해 머물러 있지 않고 늘 변합니다. 나무와 숲 사이의 오묘한 조화와 균형 그리고 역동적인 생명력이야말로 숲이 아름다운 이유입니다.

바이에라 은행잎·위

오늘날의 은행잎·아래

바늘잎나무 옆
은행나무

은행나무는 지구상에 오직 1과 1속 1종만으로 이루어진 나무로 2억 년 이상 외롭게 살아남았다. 고생대 석탄기(약 3억 5천만 년 전) 초기에 은행나무가 출현했다고 보는 학자도 있으며, 이때 은행나무는 지금보다 키가 크고 잎은 여러 개로 갈라진 바이에라 은행나무*Ginkgo baiera*가 많았다.

오늘날의 은행나무*Ginkgo biloba*는 고생대 페름기(2억 9천~2억 4,500만 년 전)에 등장했다. 중생대 쥐라기(2억 1천~1억 4,000만 년 전)를 거치면서 11여 종으로 종류가 많아졌으며, 중생대 백악기(1억 3,500만~6,500만 년 전)에는 현재의 은행나무처럼 생긴 종이 아시아, 유럽, 북아메리카에서 자랐다. 신생대 제3기(6,500만~258만 년 전)에는 지금의 은행나무만 남았으며, 이마저도 북아메리카에서는 700만 년 전쯤, 유럽에서는 250만 년 전쯤 사라졌다. 신생대 제4기 플라이스토세(258만~1만 2천 년 전)의 기후 변화를 거치면서 은행나무는 대부분의 지역에서 멸종됐다. 오늘날 은행나무는 동북아시아에만 자생하지만, 전 세계적으로 널리 심어 기른다. 이렇게 은행나무는 지구 역사와 함께 끈질긴 삶을 이어 '살아 있는 화석'으로 불린다.

은행나무는 겉보기에는 넓은잎나무처럼 보이지만 사실은 잎지는바늘잎큰키나무(낙엽침엽교목)에 속한다. 바늘잎나무와 넓은잎나무를 나누는 기준은 잎 모양이 아니라 밑씨를 갖고 있는 씨방 생김새이다. 은행나무는 잎 모양이 넓은잎나무처럼 잎지는넓은잎을 가졌지만 여느 바늘잎나무처럼 씨방이 없고 씨앗이 될 밑씨가 그대로 밖에 드러나 있는 겉씨식물이다.

겉씨식물은 씨의 겉을 감싸는 말랑말랑한 과육을 만들지 않는다. 그런데 은행나무는 싹을 잘 틔우기 위해 복숭아, 자두, 살구처럼 딱딱한 씨껍질과 씨를 감싸고 있는 과육이 있다. 가을에 은행 열매에서 나는 악취는 빌로볼, 은행산 등 독성 물질이 풍기는 냄새다. 다른 동물에게 먹히지 않고 싹을 틔울 수 있도록 열매를 보호하려는 종족 보전 전략이다.

은행나무는 암나무와 수나무가 따로 자라면서 바람의 도움을 받아 꽃가루받이를 하므로 4㎞ 이상 떨어져 있으면 수분이 되지 않는다.

꽃피는 식물들은 바람, 벌, 나비, 새, 젖먹이동물 등 여러 수단을 이용해 꽃가루받이를 하므로 꽃가루에 운동성을 가진 꼬리가 필요 없다. 그러나 은행나무 꽃가루는 꼬리처럼 생겨 운동할 수 있는 긴 편모를 달고 있는 정충 덕분에 스스로 움직여 꽃가루받이를 하면서 오랜 시간 살아남았다. 은행나무 암꽃 안쪽에 있는, 눈으로 볼 수 없는 작은 우물 표면에 떨어진 정충이 짧은 거리를 헤엄쳐 난자 쪽으로 이동하는 데 꼬리를 쓴다. 은행나무는 원시 시대 물속 식물이 지녔던 흔적을 가지고 있는 것이다.

은행나무
서울 경복궁

은행나무 길을
걸어 보자

은행나무는 원산지에 대한 논란이 있으나 중국 양쯔강 하류 저장성
과 안후이성의 경계를 이루는 톈무天目산맥 해발 약 2천m 지점, 충칭
시 진포산 등 두 곳에 자생하는 군락을 원산으로 본다.

　은행나무는 이름을 따라 행자목杏子木, 할아버지가 심고 손자가 거
둔다고 공손수公孫樹, 잎 모양이 오리 발을 닮았다고 압각수鴨脚樹라고
도 부른다. 공자는 은행나무 아래에 단을 만들어 놓고 제자들을 가르
쳤다고 해서 공자의 말씀을 가르치는 곳이 행단杏壇이다. 서원, 향교
등 교육 기관, 궁궐, 관청, 사찰의 뜰에는 나이 많은 은행나무가 많다.

전국적으로 20여 그루의 은행나무가 천연기념물로 지정돼 보호받고 있다.

서울에서는 청와대, 경복궁이 위치한 삼청동, 덕수궁 돌담길 등이 널리 알려진 은행나무 길이다. 경기도에서는 여주 강천섬, 용인 수지 심곡서원, 하남 광주향교, 용인 에버랜드 은행나무 길 등이 은행나무 명소다. 특히 양평 용문사 은행나무는 천연기념물 제30호로 높이 42m를 넘는 아시아에서 가장 큰 은행나무이며, 수령도 1,100년이 넘는다. 강원도 홍천 내면에는 10월 한 달만 개방하는 축구장 다섯 배 넓이의 은행나무 숲(4만㎡)이 있다. 충북 괴산 소금랜드, 아산 현충사, 경북 영주 부석사도 은행나무 단풍이 아름다운 곳이다.

지질 시대 이래 은행나무가 살아남은 것은 수많은 기후와 환경 변화에 적응하면서 유전 형질을 발달시켰기 때문이다. 은행잎에는 플라보노이드, 터페노이드, 비로바라이드 등 항균성 성분이 있어 병충해가 매우 적다. 열매가 익으면 과육에 있는 빌로볼, 헵탄산 때문에 악취가 나고, 깅골산 등이 피부염을 일으켜 동물들도 멀리했다. 은행 열매에는 시안 배당체와 메틸피리독신 등의 독성 물질이 있으므로 먹을 때는 익혀서 적은 양만 섭취해야 한다.

은행나무는 열매의 악취가 심하지만 대기 오염과 공해를 견디고, 건조와 병해충에 강하며, 가을 단풍이 아름답다. 잎에서는 깅코플라본이라는 혈액 순환을 돕는 물질을 얻는다. 따라서 가로수, 경제수, 관상수, 의약 산업용으로 널리 재배한다. 은행나무는 제2차 세계 대전

때 원자폭탄이 떨어진 일본 히로시마에서도 생존할 정도로 생명력이 강하다.

서울시 가로수 30여만 그루 가운데 3분의 1 정도가 은행나무이다. 은행나무 중에서도 4분의 1 정도가 열매를 맺는 암나무인데 냄새 때문에 천덕꾸러기 신세가 됐다. 국립산림과학원에서 은행나무 수나무에만 있는 DNA를 검색하는 기술을 개발해 1년생 이하 어린 은행나무도 암수를 구별할 수 있다. 그늘을 만들어 주고, 도로 소음을 막아 주고, 아름다운 가을 정취를 만들어 주고, 먹을거리를 주는 은행나무를 잠깐의 악취를 이유로 베거나 수나무만을 골라 심는 것이 번식을 해야 하는 나무 입장에서 옳은 일인지 되돌아볼 일이다.

당산소나무　전북남원·운봉

흔하디흔한
소나무?

한반도 깊은 산, 물가, 바닷가, 멀리 떨어진 섬에 28여 종의 바늘잎나무가 자생한다. 그러나 높은 산에 올라가지 않는 사람은 눈향나무, 눈측백 등 낯선 나무들을 볼 일이 평생 없다. 외국에서 들여온 리기다소나무, 일본잎갈나무, 메타세쿼이아 등을 알아보는 사람도 드물다.

소나무*Pinus densiflora*는 마을 뒷산에서 가장 흔하게 볼 수 있는, 누구나 이름을 아는 나무다. 흔하디흔한 것으로만 알고 있지만, 사실 소나무는 예사 나무가 아니다. 동북아시아 가운데 한반도를 중심으로 자라는 나무로, 한국인이 가장 좋아하는 나무이기도 하다.

소나무松는 목木과 공公을 합친 글자로 나무의 귀공자다. 바늘잎이

2개씩 모여 나는 소나무류(이엽송)에는 소나무, 곰솔 2종이 있고, 바늘잎이 5개인 잣나무류(오엽송)에는 잣나무, 눈잣나무, 섬잣나무 등이 있다.

바늘잎이 2개로 몸통이 붉고 한반도를 중심으로 분포하는 재래종 늘푸른바늘잎큰키나무가 소나무다. 개체수가 가장 많고 분포 면적도 넓은 한반도가 분포의 중심지이고, 중국 동북 지방 무단장 동북쪽부터 랴오둥반도, 러시아 연해주, 일본 일부 지역에도 자란다. 일본에서는 적송赤松, 육송陸松으로 부르며, 러시아에서는 보호종이다.

소나무는 산지, 물가, 습지, 해안가, 건조한 곳 등에 두루 자란다. 햇볕을 좋아하는 양수陽樹로 건조하고 토양이 많은 산의 능선에서 잘 견디지만, 기름지고 습한 골짜기 등에서는 넓은잎나무들에게 밀린다. 소나무만 자라는 숲은 병충해에 약하고, 땅도 기름지지 않고, 산불에 취약하므로 넓은잎나무들과 섞여 자라는 것이 좋다.

소나무 꽃은 5월에 암꽃과 수꽃이 한 그루에 핀다. 노란색 수꽃은 길이 1㎝의 타원형으로 어린 가지 아래에 피며 송화松花라고도 부른다. 자주색 암꽃은 어린 가지 위에 달리며 길이 6㎜의 달걀 모양이다. 소나무는 바람이 꽃가루받이를 돕는다. 수꽃에서 송홧가루가 바람에 날릴 때 암꽃이 피는데, 암꽃에 꽃가루가 이르러 수정이 되면 솔방울이 익는다. 소나무는 같은 나무에 암수 꽃이 피지만 수꽃이 시차를 두고 암꽃 아래에 피고, 가까운 나무의 꽃가루받이를 피한다. 한편 솔방울은 산불의 불기운으로 열려 씨앗을 퍼뜨리기 때문에 불탄 자리에서도 가장 먼저 싹을 틔운다.

한반도에서 자라는 바늘잎나무 종류

과명(4과)	속명(10속)	종명(28종)
개비자나무과 Cephalotaxaceae	개비자나무속 *Cephalotaxus*	눈개비자나무*Cephalotaxus harringtonia* var. *nana* 개비자나무*Cephalotaxus koreana*
측백나무과 Cupressaceae	노간주나무속 *Juniperus*	향나무*Juniperus chinensis* 섬향나무*Juniperus chinensis* var. *procumbens* 눈향나무*Juniperus chinensis* var. *sargentii* 곱향나무*Juniperus sibirica* 단천향나무*Juniperus dauricus* 노간주나무*Juniperus rigida* 해변노간주*Juniperus rigida* var. *conferta*
	눈측백속 *Thuja*	눈측백*Thuja koraiensis* 측백나무*Thuja orientalis*
소나무과 Pinaceae	전나무속 *Abies*	전나무*Abies holophylla* 구상나무*Abies koreana* 분비나무*Abies nephrolepis*
	잎갈나무속 *Larix*	잎갈나무*Larix olgensis* var. *koreana* 만주잎갈나무*Larix olgensis* var. *amurensis*
	가문비나무속 *Picea*	가문비나무*Picea jezoensis* 종비나무*Picea koraiensis* 풍산가문비나무*Picea pungsanensis*
	소나무속 *Pinus*	소나무*Pinus densiflora* 잣나무*Pinus koraiensis* 섬잣나무*Pinus parviflora* 눈잣나무*Pinus pumila* 곰솔*Pinus thunbergii*
	솔송나무속 *Tsuga*	솔송나무*Tsuga sieboldii*
주목과 Taxaceae	주목속 *Taxus*	주목*Taxus cuspidata* 설악눈주목*Taxus caspitosa*
	비자나무속 *Torreya*	비자나무*Torreya nucifera*

황장금표
강원 원주 치악산

역사와 함께한
소나무

우리 민족의 삶은 소나무와 서로 뗄 수 없는 관계에 있다. 소나무는 중생대 백악기부터 지금까지 이 땅에서 살아온 터주 식물이다. 선사 시대 사람들이 불을 피우고, 집을 짓고, 배를 만들고, 생활 도구를 만들며 가장 널리 사용했던 나무가 소나무다.

조선 시대에도 궁궐을 짓거나 전함을 만들고, 왕족과 귀족의 관을 만드는 데 굵고 속이 누런 소나무인 황장목黃腸木을 사용했다. 이 황장목을 보호하고자 사람 출입을 금지하는 봉산 또는 금산 정책이 있었다. 봉산封山은 군사상 요지, 배가 드나들기 좋은 곳, 포구를 낀 해안,

왕자의 태를 묻은 산 등 소나무를 베지 못하게 한 곳으로 금산禁山이라고 부르기도 한다. 사사로운 나무 베기를 금지함으로써 나라가 필요로 하는 좋은 목재를 얻기 위한 정책이었다. 따라서 봉산에는 입구에 출입을 금지하는 황장금표黃腸禁標를 세우고 관리하는 산직山直을 두어 산림의 도벌과 훼손을 막았다.

마을 어귀 소나무는 당산堂山나무라고 했다. 마을 수호신으로 여겨져서 예로부터 아기가 태어나면 금줄을 치고 숯과 함께 솔가지를 매달아 축하했다.

부모들은 아들이 태어나면 건강하게 자라 자신이 죽었을 때 관을 만들 수 있도록 소나무를 심었다. 아이는 자라면서 솔숲에서 뛰어놀고 소나무로 지은 집에서 살았다. 흉년이 들면 솔잎, 버섯, 속껍질, 송화가루 등은 보릿고개를 넘기는 구황救荒 식품이었다. 소나무 속껍질은 벗겨서 말린 뒤 물에 담가 떫은맛을 없애고 먹거나, 가루를 내 송기떡을 만들었다. 장례식 때 사용하는 관은 소나무 관을 최고로 치며, 죽은 자는 소나무가 자라는 산에 묻혔다.

소나무가 자라는 마을 숲은 봄에는 보릿고개를 견딜 먹을거리를 내주었고, 여름에는 무더위, 태풍, 홍수를 피할 수 있는 피난처가 됐다. 가을에는 버섯과 복령 등 비싼 임산물을 간직한 창고였고, 겨울에 수확한 소나무 재목은 주된 소득원이었다. 솔잎, 솔방울, 솔가지 등은 땔감으로 추위를 견디게 해 주었다.

설문 조사마다 한국인이 가장 좋아하는 나무로 소나무가 꼽힌 것도 늘 가까이에서 볼 수 있기 때문이다. 소나무는 생명력이 길어 십장생의 하나로 장수長壽를 기원하는 나무였다. 비바람과 눈보라 속에서도 늘 푸른 모습을 간직하고 있어 절개와 의지를 상징했다.

즉 정원수, 분재, 방풍림 등으로 소나무를 심으며, 꽃가루와 나무껍질은 식용, 송진은 약재, 재목은 건축 토목재, 펄프재 등으로도 사용한다. 이렇게 우리 민족은 태어나서 죽을 때까지 소나무에 기대며 살았다.

고흔솔 전북 군산 선유도

곰솔이냐
해송이냐

한여름을 바닷가 솔밭 그늘에서 지냈다면 그 나무는 줄기가 검은 곰솔이었을 것이다. 곰솔*Pinus thunbergii*은 소나무보다 길고 두툼한 2개의 바늘잎을 가진 늘푸른바늘잎큰키나무로, 중부 이남 바닷가에서 멀지 않은 곳, 즉 내륙보다 기후가 온난하고 토양 염도가 낮은 해안에 흔히 자란다. 소나무가 산에 널리 자라는 것과는 달리 곰솔은 우리나라 섬과 해안을 따라 군데군데 해안 숲의 띠를 이룬다. 제주 아라동 곰솔(제160호), 부산 수영동 곰솔(제270호), 전북 전주 삼천동 곰솔(제355호), 전남 해남 성내리 수성송(제430호), 제주 수산리 곰솔(제441호)은 천연기념물이다. 북한 황해남도 용연 용연반도 등에도 곰솔이 자라는 것으로 알려졌다.

소나무에는 붉은색 겨울눈이 나지만, 곰솔은 겨울눈이 잿빛을 띤 흰색이므로 구별하기 쉽다. 잎이 억세고 곰과 같다고 해 곰솔이란 이름을 얻었고, 바닷바람을 좋아해 해송海松이라고도 한다. 나무껍질이 검기 때문에 흑송黑松이라고도 부른다. 곰솔과 소나무는 서로 교배해 자연 잡종을 잘 만든다.

곰솔은 삼면이 바다로 둘러싸인 해안가 백사장 근처, 모래 언덕, 해안 절벽 등 해풍이 부는 곳에서 잘 견디지만 추위에는 약해 중부 내륙 지방에서는 살기 어렵다. 해안에 자라는 곰솔 숲은 바다로부터 불어오는 강한 바람과 소금기로부터 마을과 논밭을 보호해 준다.

곰솔은 모양새가 아름답고, 공해에 강하다. 바닷바람을 막는 방풍림防風林, 파도의 피해를 줄여 주는 방조림防潮林, 바닷가를 보호해 주는 해안사방海岸砂防을 위해 해안이나 간척지에도 심는다. 목재는 건축, 토목, 펄프재로 쓰이고, 겉껍질, 꽃가루, 송진, 잎 등은 식용이나 약용으로 이용된다.

잣나무 학명에
우리나라 이름이 들어 있다?

고소한 맛의 열매를 내주는 잣나무*Pinus koraiensis*는 눈잣나무, 섬잣
나무와 함께 잣나무류의 대표 종으로 바늘잎이 5개인 늘푸른바늘
잎큰키나무다. 홍송紅松이라 부르기도 하는 잣나무 이름에 우리나라
*koraiensis*를 뜻하는 라틴어가 들어 있어 넓은 잣나무 숲을 가진 나라도
부러워한다.

잣나무는 한반도를 비롯해 중국 동북 지방, 러시아 우수리, 아무르
지방, 일본 등지에서 자란다. 백두산 등 일부 지역에서는 잎갈나무와
어울려 잣나무만의 천연림을 이루기도 한다. 강원도 홍천, 경기도 가

잣나무
경기도 가평 잣향기수목원

평처럼 내륙 추운 산지에서도 잣나무 숲을 볼 수 있다.

잣나무는 땅의 힘이 좋은 곳에서 잘 자란다. 물기가 있거나 깊은 산골짜기, 토심이 깊고 기름진 산기슭이나 산허리가 심기에 알맞다. 산능선에서는 생장이 좋지 않으며, 토양이 척박하고 마른 곳에서는 자라기 어렵다. 어린 묘목일 때는 그늘을 잘 견디지만 커 가면서 햇볕을 좋아한다. 1965년부터 1984년까지 20년 동안 심은 잣나무 묘목 수가 약 6억 7,500만 그루에 이를 정도로 우리나라에서 주요한 조림 수종이다.

잣나무는 한랭한 기후를 좋아하는 나무로 해발 고도 1천m 이상의 아고산대와 압록강 유역에 흔하다. 해발 고도가 높은 곳에서는 물기가 많으면 남향보다 북사면에서 잘 자란다. 낮은 온도에 적응한 잣나무는 지구 온난화에 따라 자생지에서 차츰 밀려나고 있다.

잣나무 목재는 아름답고 재질이 가볍고 향기가 있는데다 가공하기 쉬워서 고급 목재로 널리 사용한다. 열매인 잣은 날로 먹거나 잣죽을 끓여 먹고, 기름을 짜거나 요리에 이용한다. 잣은 변비를 다스리며 가래, 기침에 효과가 있고 폐 기능을 돕는다. 몸이 약한 사람에게 좋고, 피부에 윤기와 탄력을 주는 것으로도 알려졌다.

섬잣나무

경북 울릉도 성인봉

섬에 자라서
섬잣나무

동해 깊은 바다에서 화산 폭발로 생겨난 울릉도는 한반도와 연결된 적이 없고 지질과 지형이 특이해 독특한 식물들이 많다. 울릉도에만 자라는 나무로는 섬잣나무, 솔송나무, 너도밤나무, 섬개야광나무, 섬 댕강나무, 섬대 등이 있다.

한반도 본토에는 자생하지 않고 울릉도에만 자라는 섬잣나무*Pinus parviflora*는 5개의 바늘잎을 가진 늘푸른바늘잎큰키나무다. 10m까지 자라며, 생김새는 잣나무와 비슷하지만 솔방울이 작고 종자에 날개가 있다. 섬잣나무는 한랭한 기후에 적응한 잣나무나 눈잣나무와 달리

덥지 않고 습도가 높은 해양성 기후를 좋아한다.

섬잣나무는 경북 울릉도와 일본 열도에 공통적으로 자라며, 울릉도 태하동의 섬잣나무, 솔송나무 및 너도밤나무 군락은 천연기념물 제50호다. 울릉도 성인봉 높이 500m 일대에 주로 자생하는 섬잣나무를 내륙에서는 관상수로 심는데, 이를 오엽송이라 한다. 섬잣나무는 찬 바람에 약해 가을에 옮겨 심으면 겨울에 추위로 죽기 쉽다. 솔송나무 *Tsuga sieboldii*도 한반도에는 자생하지 않고 울릉도에만 자라는 또 다른 늘푸른바늘잎큰키나무다.

눈잣나무는
눈이 쌓인 곳에만 자라나요?

높은 산꼭대기에서만 자라는 눈잣나무*Pinus pumila*는 누워서 자라기 때문에 누운 잣나무, 눈에 파묻혀 살기 때문에 눈잣나무로 부른다. 5개의 바늘잎을 가진 늘푸른바늘잎나무로, 강원도 설악산 정상 대청봉과 중청봉 사이 기온이 낮고 바람이 강하며 토양이 척박한 능선에서는 땅 위를 기면서 자란다. 눈이 오래 쌓여 있는 곳에서는 습기를 피하고자 눈 밖으로 가지를 내밀고 겨울을 지내기도 한다.

눈잣나무는 지난 빙하기에는 시베리아에서 한반도까지 연속해서 널리 분포했으나, 지금은 동북아시아 한랭한 기후 지역에 주로 자라

눈잣나무
강원도 설악산

며 분포의 남방 한계선은 설악산 대청봉에서 소청봉에 이르는 아고산대다. 동북아시아가 빙하기에 얼마나 추웠는지 알려 주는 기후적 지표이며, 기후 변화에 따라 식물이 피난처를 찾아 어떻게 이동해 살아남았는지 알려 주는 유존종遺存種, relict으로 가치가 높다.

오늘날 눈잣나무는 러시아 시베리아 동부, 캄차카, 중국 네이멍구 다싱안링大興安嶺산맥 최북단인 건허根河, 북한 추애산, 금강산 비로봉, 백마봉, 차일봉, 명의덕산, 두류산 등과 남한 설악산, 일본 혼슈 등 높은 산봉우리에서 자란다.

눈잣나무는 가지가 많고 높이는 1~3m 정도로 옆으로 비스듬하게 누워 자라는데, 가지 길이가 10m 정도인 나무도 줄기 굵기가 약 20㎝를 넘지 않는다. 바람받이가 아닌 곳에서 자란 것은 줄기가 곧추 자라기도 한다. 높은 산에서 자라는 눈잣나무는 햇볕이 잘 들고 공중 습도가 높고 물 빠짐이 좋은 곳을 좋아하지만 대기 오염에는 약하다. 지구 온난화에 따라 개체군이 줄고 서식지가 줄면서 고립돼 쇠퇴하고 있다. 남한 내 유일한 눈잣나무 자생지인 설악산 대청봉 아고산대는 등산객의 발길에 훼손됐으나 목재길이 만들어진 뒤로 회복되고 있다.

서식지가 교란되면서 근친 교배 비율이 높아져 유전적 다양성이 줄자 눈잣나무는 서식지에서도 밀리고 있다. 씨앗을 채집해 어린 나무를 길러내려고 구과에 철망을 씌워 관리하는데, 이때 잣까마귀, 다람쥐들과 경쟁이 심하다. 눈잣나무를 보전하려면 종의 특성을 바탕으로 서식지를 보전하고 복원해야 한다.

전나무

국립수목원

전나무 아니면
젓나무?

한반도에 자라는 소나무과 가운데 소나무속 다음으로 중요한 나무인 전나무속*Abies*에는 열매가 하늘을 향해 달리는 전나무, 분비나무, 구상나무 세 종류가 있다. 늘씬한 몸매로 하늘을 향해 우뚝 솟아오른 전나무*Abies holophylla*는 소나무과에 속하는 늘푸른바늘잎큰키나무로, 젓나무라고도 부른다. 전나무는 중국 동북부, 러시아 우수리, 한반도에 자생한다.

전나무는 추운 곳에서도 잘 견디고, 한반도에서는 주로 이북의 아고산 지대와 고원 지대에서 자란다. 전나무가 잘 자라는 곳은 여름에 강수량이 많고 겨울에는 건조하나 눈이 오랫동안 쌓여 있는 산지 경사면, 화강암이 풍화돼 물기가 많고 흙이 기름진 곳 등이다. 어릴 때는 나무 그늘에서도 잘 자라는 음수지만, 10여 년 정도 자라면 생장이 빨라진다. 뿌리가 얕고 넓게 퍼져 자라기 때문에 태풍이나 강풍에 쉽게 넘어진다. 강원도 오대산 월정사, 전북 부안 내소사, 경기도 포천 국립수목원 등지에 멋진 전나무 숲이 있다.

전나무는 잎끝이 뾰족하고, 줄기와 가지 등의 생김새가 아름다워 건축 용재, 가구 재료로도 쓰이며, 정원수나 크리스마스트리로도 사용된다. 그러나 공해와 아황산가스 등에 약하기 때문에 전나무가 잘 자라는 곳은 공기가 맑고 토양이 좋은 곳으로 볼 수 있는 환경 지표 식물이다.

분비나무를
보았나요

분비나무*Abies nephrolepis*는 중부 이북 해발 고도 700m 이상의 높은 산 산중턱이나 정상 일대에 무리 지어 자라는 소나무과 늘푸른바늘잎큰키나무다. 중국 북동부, 러시아 연해주, 한반도 등지에 분포하며, 남한에서는 설악산, 태백산, 오대산, 치악산, 월악산 등 높은 산지를 중심으로 자라며 경북 일월산에서도 발견됐다.

높은 산과 온도가 낮고 대기 습도가 높은 곳에서 잘 자라는 분비나무는 어릴 때는 그늘을 좋아하는 음수지만 크면서 햇볕을 아주 좋아하는 극양수極陽樹로 바뀐다. 공해를 잘 견디지 못해 도시에 조경수로

분비나무
강원도 설악산

심는 것은 적당하지 않다.

형태가 비슷하고 유전적으로 가까운 구상나무와 분비나무는 잎끝의 가운데가 오목하게 파인 점, 솔방울 조각 끝에 바늘 같은 돌기가 있다는 점이 가장 두드러진 차이이다. 특히 돌기가 아래로 젖혀지면 구상나무, 젖혀지지 않고 옆으로 곧게 뻗으면 분비나무로 구별하지만, 실제로는 구분이 쉽지 않다.

아고산대에 자생하는 한대성 수종이지만 기후 변화에 따른 서식 환경 변화로 주요 서식지인 백두대간의 설악산, 소백산, 지리산 등에서 쇠퇴하고 있다. 설악산 대청봉 일대 분비나무는 바람에 의해 깃발 모습으로 자라거나, 키 작고 뒤틀어진 형태로 자라기도 한다. 이 때문에 구상나무와 함께 세계자연보전연맹IUCN에 등재돼 있을 뿐 아니라 기후 변화의 생물 지표다.

구상나무 제주도 한라산

잃어버린 생물 주권의 주인공
구상나무

나무와 숲에 관심 있다면 구상나무가 집단적으로 말라 죽어 간다는 언론 보도를 본 적이 있을 것이다. 구상나무*Abies koreana*는 지구상에서 우리나라에만 자생하는 특산종 나무로, 한라산, 지리산, 덕유산, 가야산 등 높은 산의 아고산대에서 살아가는 늘푸른바늘잎큰키나무다. 충북 속리산, 소백산, 경북 금원산 등지에도 자란다고 알려졌다. 한라산 아고산대 가장 넓은 면적에서 구상나무 숲이 발달하고, 내륙에서는 지리산에 가장 넓게 분포한다. 한라산 구상나무는 내륙 지방에서 자라는 것과 유전적으로 차이가 있다고 한다.

구상나무는 높이 5m 내외로 자라고, 고도가 높은 숲속 및 능선부에 주목 등과 더불어 무리를 짓거나 흩어져 자라며, 강한 바람을 맞는 능선에서는 키가 작고 열매를 많이 맺는다. 생장은 더디지만 20~30년 정도 자라면 안정된 숲을 이룬다. 구상나무의 나이는 평균 70~80년 정도다. 한라산 구상나무는 줄기에 굵은 가지가 촘촘하게 붙어 있으면서 높게 자라지 않는다. 반면 내륙 지방 구상나무는 밋밋하게 전나무와 같이 크게 자라며 가는 가지가 듬성듬성 난다.

구상나무는 추운 곳을 좋아하고, 어려서는 약한 그늘을 좋아하지만 자라면 햇빛을 좋아한다. 겨울에는 눈이 많고 여름에는 서늘한 곳을 좋아한다. 토양에 습도가 많아야 하고, 거름기가 많은 비옥한 땅에서 잘 자란다.

한라산과 지리산 아고산대에 분포하는 구상나무는 최근 개체 수와 면적이 줄고 있다. 나무 활력이 떨어지고, 말라 죽은 고사목이 급증하는 등 지구 온난화로 빠르게 쇠퇴하고 있는 것이다. 겨울에 눈이 적게 오고 기온이 높아 눈이 덜 쌓인 상태에서 고온 건조한 봄이 일찍 시작되면 토양 속에 수분이 적어 말라 죽게 된다. 또한 구상나무는 건조한 이른 봄부터 광합성을 하는데 뿌리를 통해 수분을 충분히 공급받지 못해 수분 부족에 따른 생리적인 스트레스를 견디지 못하고 말라 죽는다. 이에 더해 여름 고온, 폭우, 태풍과 같은 강풍 피해로 뿌리가 노출되거나 들리면 고사가 빨라진다.

구상나무는 추운 곳을 좋아해 지구 온난화에 민감하게 반응하므로 우리나라의 대표적인 기후 변화 지표종이다. 해마다 지구 온난화로 구상나무는 한반도에서 빠르게 줄고 있다. 이에 따라 세계자연보전연맹은 2013년에 지구상에서 한반도 남부 아고산대에만 자생하는 구상나무를 멸종 위기 위급CR 등급으로 지정했다.

구상나무는 공해에는 약하나 추위를 잘 견디고 나무 생김새가 아름다워서 공원수, 관상수, 정원수로 많이 심는다. 나뭇결이 곱고 단단하며 뒤틀림이 없어 건축재, 고급 가구재 등으로 인기가 높다. 또한 전체 모습이 아름답고, 작은 바늘잎이 돌려나면서 향기로우며, 하늘을 향해 원추형 구과가 맺혀 외국에서는 크리스마스트리로 인기가 높다.

일제 강점기에 미국으로 반출된 구상나무 씨앗으로 개량 육종한 품종들은 원예 시장에서 높은 값에 팔린다. 하지만 정작 원산지인 우리나라는 아무런 대가를 받지 못하기도 한다. '미스킴 라일락'이란 이름으로 알려진 털개회나무(수수꽃다리) 등은 우리 생물 자원의 가치를 알지 못할 때 어떠한 피해를 받게 되는지 일깨워 주는 대표적인 사례 중 하나다.

가문비나무
경남 산청 지리산

높은 산의 흑기사
가문비나무

소나무과 가문비나무속*Picea* 나무에는 가문비나무, 종비나무, 풍산가
문비나무 등이 있다. 솔송나무속에는 솔송나무 한 종이 자란다. 잎갈
나무속에는 북부 지방에 자라는 잎갈나무가 있다. 주목과에는 주목
속, 개비자나무속 등이 있고, 측백나무과에는 측백나무속과 측백나무
와 눈측백, 향나무속에 향나무, 눈향나무, 섬향나무, 노간주나무 등이
있다.

　높은 산에서 곧고 검은 줄기를 뽐내며 흑기사처럼 우뚝 서 있는 가
문비나무*Picea jezoensis*는 동북아시아 아고산대에 주로 자라는 늘푸른

바늘잎큰키나무다. 중국 동북 지방, 러시아 우수리, 일본 홋카이도 등지, 남한에서는 지리산, 덕유산, 계방산 등의 높은 능선에 드물게 자란다. 해발 고도 1,500m 이상의 높은 산지 능선부와 그 근처에서 분비나무, 구상나무 등과 함께 작게 무리 짓거나 흩어져 분포하는 북방계 식물로, 높은 산의 지킴이다.

가문비나무속 식물들은 대부분 삼각형 모양을 이루며 자란다. 가문비나무 줄기는 검정색에 가까운 짙은 색이고, 열매는 아래를 향해 달리며, 잎끝이 갈라지지 않고 뾰족하다. 어릴 때는 음수지만 자라면서 햇볕을 찾는 양수로 깊은 산 계곡부에서 자란다. 가문비나무는 공중 습도가 비교적 높고 땅이 기름지고 한랭한 아고산대에서 잘 자란다. 그러나 지구 온난화에 따라 서식지가 줄어드는 나무 중 하나로 기후 변화 취약종이다.

전나무, 잣나무와 함께 북쪽의 늘푸른바늘잎나무 숲을 이루는 가문비나무는 일제 강점기에 많이 벌채됐다. 목재는 가구나 장식장, 항공기 부재, 악기 음향판을 만드는 데 쓰며, 돛대나 상자, 건축 자재로도 이용한다. 껍질에서는 나뭇진인 수지樹脂 resin, 타닌, 테레빈유를 얻기도 한다.

살아서 천 년, 죽어서 천 년
주목

나무줄기 껍질 색과 나무 재질이 붉어 주목朱木이란 이름이 붙은 주목
*Taxus cuspidata*은 높은 산에 주로 자라는 늘푸른바늘잎큰키나무로, 중
국 동북 지방, 러시아 연해주, 일본 등지와 한반도 한라산, 덕유산, 지
리산, 소백산, 태백산, 계방산, 설악산, 오대산 등 해발 고도 1천m 이
상 아고산대에 널리 분포한다. 줄기가 비스듬히 자라면서 땅에 닿은
가지에서 뿌리가 내리는 설악눈주목*Taxus caespitosa*은 설악산 대청봉
근처에서 눈잣나무와 같이 자란다.

　추위에 강한 주목은 대표적인 음수로, 햇볕을 가려 줘야 싹이 나고

주목
전북 무주 덕유산

묘목도 자라며 커서도 음지에서 잘 견딘다. 적은 양의 햇빛으로도 효율적으로 광합성을 할 수 있고, 토양 깊이가 깊고 물기가 많고 기름진 흙을 좋아한다.

주목은 어렸을 때는 자라는 속도가 매우 느리지만 약 10년 이상 되면 자라는 속도가 빨라진다. 주목은 살아 천 년, 죽어 천 년을 남아 있다고 할 만큼 수명이 긴 편이다. 강원도 정선 두위봉에는 무려 수령 1,400년의 주목이 있다. 강원도 홍천 계방산에는 가슴 높이 둘레가 4.9m에 이르는 주목이 자라며, 전북 무주 덕유산에도 자란다. 계방산은 주목, 가문비나무, 분비나무, 눈측백 등 아고산성 멸종위기식물종 (세계자연보전연맹 적색목록 기준)의 국내 최대 집단 군락지 중 하나다.

주목은 열매도 붉게 익어 겉보기에 꽤나 먹음직스러워 보이는데, 홍시처럼 무른 과육이 달콤하다. 씨앗은 바깥에서 들여다보이는 열매 모양으로 새들의 먹이가 되고, 이를 통해 씨앗을 퍼뜨린다. 그러나 열매에는 독성이 있어 발열 및 피부 질환을 일으키기 때문에 많이 먹는 것은 좋지 않다. 줄기, 가지, 종자에는 독성이 강한 알칼로이드계의 탁신taxine이 들어 있으며, 독소를 뜻하는 단어 'toxin'도 탁신에서 유래됐다. 씨눈, 껍질과 씨앗에서는 유방암과 난소암에 효능을 가진 항암물질인 택솔taxol을 추출하기도 한다. 이때 씨눈과 잎, 줄기에 기생하는 곰팡이를 생물 공학 기법으로 증식시켜 생산한다.

비자나무
전남 장성 백양사

따뜻한 남쪽 사찰에
비자나무가 흔한 이유

제주도 여행을 가서 비자나무가 우거진 비자림을 가본 적이 있을 것이다. 비자나무*Torreya nucifera*는 주목과의 늘푸른바늘잎큰키나무이며, 잎사귀가 한자의 '비非' 자와 닮았다. 우리나라 남부와 제주도, 일본 중남부에 분포한다. 추위에 약한 난대성 늘푸른바늘잎나무로 기름지고 물기가 많은 곳을 좋아하며 그늘을 잘 견딘다. 아주 느리게 자라며 대기 오염에도 강하다.

비자나무는 전남 장흥 보림사, 고흥 금탑사, 해남 녹우당, 화순 개천사, 나주 불회사, 장성 백양사, 전북 고창 선운사 등 주로 남도의 사찰 주변에서 자란다. 천연기념물로 지정된 비자나무 노거수는 전남 강진 삼인리, 진도 상만리, 경남 사천 성내리에 분포한다. 특히 백양사에서는 산과 나무를 돌보는 산감山監 스님을 두고 비자나무를 관리한 덕분에 일대 71만㎡에 비자나무 7천여 그루가 자라고, 백양사 비자나무 숲은 천연기념물(제153호)로 지정됐다. 제주도 구좌읍에는 비자림으로 부르는 '천년의 숲'에 비자나무 3천여 그루가 무리를 지어 자라며 천연기념물(제374호)이다.

비자 열매는 고려와 조선 시대에 걸쳐 조정에 바치는 주요 진상품이었고 제사상에 오르기도 했다. 그러나 나라에서 생산량과 관계없이 비자를 공물로 바치라는 데 불만이 많아 나무를 일부러 베기도 했다. 비자는 기생충을 없애는 구충제로 쓰였고, 꾸준히 먹으면 고혈압을 예방하고 허리가 아프거나 소변이 자주 마려운 것을 낫게 하고 콜레스테롤을 줄여 준다. 채식하는 승려들이 비자 열매를 구충제로 먹었기 때문에 남부 지방 사찰 주변에 흔하다.

비자나무는 100년 동안 지름이 불과 20㎝ 자랄 정도로 느리게 성장하는 나무지만, 목재 재질이 치밀해 가구, 바둑판, 배 등을 만드는 데 사용됐다.

비자 나뭇잎 등 추출물은 대장균과 살모넬라균에 항균 효과가 있다. 비자나무 숲에서 방출하는 방향 물질인 테르펜terpene은 모기를 쫓고, 자율 신경을 자극해 신경 안정과 뇌 건강을 돕기 때문에 명상, 치유, 휴양에 좋다. 비자나무 숲에서 오래 머물러야 할 이유다.

단풍 들고 낙엽 지는
바늘잎나무 잎갈나무

다른 바늘잎나무들과는 달리 봄에 새잎이 나고 가을이면 노랗게 단
풍이 들어 아름다운 그러나 남한에는 자생하지 않는 잎갈나무*Larix
olgensis* var. *koreana*를 북한에서는 이깔나무라고 부른다. 남과 북이 같은
대상을 두고 이름을 달리 부르는 일은 많은데, 앞으로 남북이 협력해
통일된 이름을 만들어야 한다.

잎갈나무는 다른 늘푸른바늘잎나무와는 달리 잎이 단풍 들고 지는
잎지는바늘잎큰키나무다. 러시아, 몽골, 중국에 분포하고, 우리나라
에서는 북한 금강산 이북 지방에 자생하며, 백두산과 개마고원에서는

일본갈나무

경기 포천 국립수목원

원시림을 이룬다. 추운 기후를 좋아해 남한에서는 자생하지 않으나 1910년부터 남한에서도 경기도 포천 국립수목원과 강원도 평창 오대산, 정선 가리왕산에 심어 기르고 있다.

우리나라 잎갈나무는 흔히 낙엽송이라고 부르는 일본잎갈나무보다 목재 생산성과 강도가 높아 건축재, 펄프, 전주, 철도 레일을 받치는 갱목으로 사용한다. 잎갈나무는 열매의 실편이 젖혀지지 않고 잎 뒷면이 녹색이며, 토양층이 두껍고 깊고 기름진 곳에서 잘 자란다. 반면 그늘, 땅이 마르고 척박한 곳, 대기 오염이 심한 도시에서는 잘 자라지 못한다.

남북이 자유롭게 오갈 수 있어 통일된 우리말 식물 이름을 부르며 잎갈나무와 높은 산에 자라는 식물들을 찾아 자유롭게 답사할 수 있는 기회를 기다린다. 고산대에 자라는 고산 식물을 연구하는 사람의 소박한 바람이다.

PART 3
고향을 묻지 마세요

우리가 자신 있게 소나무라고 생각하는 나무가 사실은 소나무가 아닌 경우가 많습니다. 공원과 마을 뒷산에는 리기다소나무, 테에다소나무, 백송, 방크스소나무, 스트로브잣나무 등 외국에서 도입해 심은 비슷한 소나무류가 적지 않기 때문이죠. 원래부터 이 땅에 자라는 소나무, 신갈나무, 진달래와 같은 자생종 나무와 여러 목적으로 외국에서 들여와 기르다가 지금은 자연에 적응해 사는 리기다소나무, 아카시아로 잘못 알려진 아까시나무와 같은 귀화종 나무들이 뒤섞여 자라며 우리 주변에 숲을 이룹니다.

일본 이깔나무

강원도 태백산

낙엽송,
낙엽이 지는 소나무?

흔히 낙엽송落葉松으로 부르는 일본잎갈나무*Larix kaempferi*는 소나무과 Pinaceae 나무지만 소나무속*Pinus* 나무가 아니다. 가을이면 물들어 잎이 떨어지는 잎지는바늘잎큰키나무로 일본이 원산지다. 1904년부터 일본에서 들여와 낙엽송이란 이름으로 보급됐으며, 1973년부터 정부가 앞장서 치산녹화10개년계획 아래 나무 심기가 한창일 때 가장 널리 심었던 나무로, 일제 강점기와 한국 전쟁을 거치면서 헐벗은 산을 푸르게 하는 데 기여했다. 일본잎갈나무는 강원도와 경북 북부 지방에 많이 자라고 우리 산림 면적의 6.2%인 27만 2천ha를 차지한다.

일본잎갈나무는 비교적 따뜻한 햇볕을 많이 받는 곳에서 잘 자라며 산기슭과 골짜기가 알맞고 북쪽 경사지는 피해야 한다. 진흙과 잔모래가 많이 섞여 있는 기름진 땅에서 잘 자라고 병충해에 강하다. 그러나 산성 토양, 붉은 진흙땅, 건조하고 척박한 땅, 그늘진 곳, 대기 오염이 있는 곳은 싫어한다. 일본잎갈나무는 북한 자생종인 잎갈나무와는 다른 종으로 북한에서는 창성이깔나무라고 부르며, 줄기가 곧게 자라 전봇대, 철도 갱목, 나무젓가락을 만든다.

2016년 태백산이 국립공원으로 편입되면서 50만 그루에 이르는 일본잎갈나무를 벌목한다고 해 논란이 됐다. 일본이 원산지라는 부정적인 시각과 자생 식물의 다양성을 해친다는 것이 베어야 한다는 주장이었다. 다른 쪽에서는 일본이 원산지지만 100년 넘게 이 땅에 적응하며 전봇대와 철도목 등으로 경제 성장에 이바지했고, 산소와 피톤치드를 내주면서 우리나라 나무로 거듭났으니 그대로 두어야 한다는 입장이었다.

일본잎갈나무를 심었던 시대적 배경을 탓할 수는 있어도 심어진 나무는 죄가 없다. 장기적이고 생태적인 안목으로 나무를 선발하고 심을 수 없었던 당시 상황이 안타까울 따름이다. 문제가 된다면 일본잎갈나무를 단계적으로 솎아 주면서 자생종이 숲을 이루고 생물 다양성을 되찾도록 도와야 한다. 이해관계를 앞세워 숲을 논쟁거리로 삼는 것은 바람직하지 않다. 앞으로 나무를 심을 때에는 나무의 이력과 생태적 특성을 살펴 외래종보다 지역에 맞는 자생종을 심어야 한다.

식물을 부르는 용어들

주변에서 자주 볼 수 없는 이국적인 모습 때문에 사진 촬영 등을 위해 찾는 바늘잎나무들이 있다. 이 가운데 외국이 고향이지만 여러 이유로 우리나라에 들여와 심은 외래종이 많다. 어떤 나무는 아직도 대접받지만 어떤 나무는 이제 천덕꾸러기 신세이다. 우리 주변에 있는 식물들을 고향이 어디냐에 따라 부르는 용어까지 달라 오해를 낳기도 한다.

자생종(自生種) 어떤 지역에 옛날부터 저절로 퍼져서 살고 있는 고유한 종류

재래종(在來種) 예전부터 전해 내려오는 농작물이 다른 지역 것과 섞이지 않고 그 지역에서만 여러 해 동안 자라면서 풍토에 알맞게 적응한 작물

토종(土種) 본토종이라고도 하며, 본디부터 그곳에 나는 것으로, 재래종, 토박이, 본토박이와 같은 뜻을 가짐

외래종(外來種) 국내에 자생해 서식하는 종 가운데 다른 나라에서 들어온 씨나 품종으로, 도입종이라고도 함

도입종(導入種) 다른 지방이나 외국에서 우수한 유전자를 가진 식물을 이용하기 위해 도입한 종

귀화종(歸化種) 원래 살던 곳을 떠나 다른 지역으로 옮겨 와 잘 적응해 자연에서 번식하며 자라는 생물

리기다소나무와 줄기에 트는 새싹
부산 유엔기념관 수목전시원

한때 잘나갔던
리기다소나무

동네 뒷산에서 흔히 볼 수 있는 리기다소나무*Pinus rigida*는 소나무처럼 보이는 나무지만 사실은 자생종이 아니다. 우리 산과 들이 헐벗었을 때 숲을 복원하겠다는 마음에 급하게 미국에서 들여와 심은 외래종이다. 2개의 바늘잎을 가진 소나무나 곰솔 등 재래종 소나무와는 다르게 바늘잎이 3개씩 모여 나고, 검은 줄기 마디에 잎이 돌려나며, 줄기 여기저기에 싹이 많이 트는 생명력이 강한 나무다. 북한에서는 리기다소나무를 세잎소나무라고 부르며, 창성이깔나무라고 부르는 일본잎갈나무와 함께 널리 심는다.

1960년대부터 급히 숲을 가꾸려는 마음에 척박한 땅에서도 살며 땔감용으로 쓸모 있는 리기다소나무를 흔히 아카시아라고 잘못 부르는 아까시나무, 오리나무 등과 함께 산의 토사가 흘러내려 무너지는 것을 막아 주는 사방수砂防樹로 심었다. 당시에는 경제성 있는 나무를 골라 심기보다는 척박한 땅에서도 살 수 있는 강한 생명력을 가진 나무를 우선 심어 토양을 개량한 뒤 좋은 나무로 바꾼다는 계획이었다.

1970년대 초에 산림녹화를 위해 심은 나무는 403만ha에 120억 그루나 되며, 일본잎갈나무(20억 700여만 그루), 리기다소나무(18억 8,700여만 그루), 아까시나무(12억 4,400여만 그루) 등을 주로 심었다.

리기다소나무는 어릴 때에는 소나무보다 훨씬 빠르게 자란다. 하지만 40년 이후에는 생장이 느리고, 송진이 너무 많아 쓸모가 적다. 줄기에 상처가 나면 송진이 많이 나오고, 바늘잎도 느리게 썩어 숲의 흙도 척박해진다. 한편 리기다소나무 껍질 추출물이 항산화 효과가 있어 기능성 화장품 소재로 이용할 수 있다는 연구도 있다.

우리 숲은 30년 가까이 소나무, 잣나무, 리기다소나무 등 바늘잎나무를 주로 심으면서 병충해, 산불, 태풍 등에 취약해졌다. 바늘잎나무만을 심어 조성한 단순림은 산불과 병해충 피해가 많고, 물 저장이나 생물 다양성 측면에서 건강한 숲은 아니다. 최근에는 과거에 심은 리기다소나무 등을 베어낸 뒤 소나무, 참나무류, 백합나무 등 경제 수종으로 바꾸고 있다.

백송
서울 재동 헌법재판소

피부가 하얀 소나무
백송

하얀 줄기를 가진 백송*Pinus bungeana*은 소나무과에 속하는 늘푸른바늘잎큰키나무로 바늘잎이 3개이며, 중국에서 들여온 나무다. 어릴 때는 줄기가 푸른빛이지만 해를 거듭할수록 겉껍질이 벗겨지면서 흰 얼룩무늬가 많아지다가 나이가 들면 하얗게 되므로 관상용 정원수로 인기가 많다. 열매는 먹기도 하고 기름을 짜기도 한다.

　백송은 어릴 때에는 더디게 자라며, 그늘진 곳을 좋아하지만 자라면서 햇볕을 아주 좋아하고 추위와 도시 공해에도 잘 견딘다. 땅이 깊고 산성을 띤 기름진 모래땅을 좋아하며 옮겨심기나 번식이 어렵다.

　서울 원효로, 서울 재동, 서울 통의동, 경기 고양 송포, 이천, 충남 예산, 충북 보은 등지에 자라는 백송은 자생종은 아니지만 천연기념물로 지정해 관리한다.

편백나무숲 　전남 장성 축령산

히노키가 아니고
편백나무

건강에 관심 있는 사람이라면 익숙한 편백나무*Chamaecyparis obtusa*는
바늘잎에 가까운 잎을 가진 늘푸른바늘잎큰키나무로, 일본이 원산지
이며 히노키*Hinoki Cypress*라고도 부른다. 편백나무와 비슷한 종류로 화
백나무*Chamaecyparis pisifera*, 측백나무*Thuja orientalis* 등이 있다. 편백나무
는 잎 뒷면의 숨구멍이 모여 희고 뚜렷한 Y자 모양을 한다. 화백나무
는 숨구멍이 뭉개진 W자처럼 보이며, 편백나무보다 추위를 훨씬 잘
견뎌 서울과 중부 지방 등 북쪽에서도 볼 수 있다. 측백나무는 잎 뒷
면 숨구멍이 거의 보이지 않는다.

편백나무는 1904년 일본에서 처음 들여와 남부 지방에 심었고, 1920년대부터 기후가 온난한 전남 장성, 장흥, 경남 남해, 제주 서귀포 등에 편백 숲을 조성했다. 장성 축령산 편백 숲은 임종국 선생이 평생 가꾸었고, 지금은 산림청이 국유림으로 관리하며 숲 체험과 치유 효과가 높은 삼림욕장의 명소가 됐다.

편백나무는 일본에서 비슷한 시기에 들여온 삼나무에 비해 약간 건조하고 척박한 곳을 견디며, 공중 습도가 높은 곳에서 잘 자란다. 땅을 크게 가리지 않아 너무 메마른 땅만 아니면 된다. 추위와 소금기에 약하지만 대기 오염을 비교적 잘 견딘다. 삼나무가 봄철에 꽃가루를 많이 날리고 일본이 원산지라는 이유로 홀대받는 것에 비해, 편백나무는 삼림욕, 가구, 건강 용품 생산을 위해 경쟁적으로 심는 환영받는 나무가 됐다.

편백나무는 자기방어 물질인 피톤치드phytoncide를 뿜어내 항균과 면역 기능이 있고, 아토피 피부염, 우울증, 스트레스 등 각종 질병 치료에 도움을 준다. 특히 편백 잎에서 추출한 정유 속 에레몰elemol이 아토피 치료에 효과가 있다. 호흡을 통해 마시는 피톤치드는 스트레스 호르몬인 코르티솔의 혈중 농도를 절반 이상 줄여 준다. 편백나무 목재는 표면이 매끄럽고 항균성이 있으며 향이 좋고 강도가 높아 보존성이 좋아서 도마, 고급 욕조, 가구 등을 만드는 데 사용한다.

편백나무는 난대성 수종으로 우리나라는 제주도와 전남과 경남에서 주로 자라지만, 최근에는 지구 온난화의 영향으로 심을 수 있는 지역이 북쪽으로 넓어지고 있다.

　잘 가꾼 숲은 지역 경제에 도움을 주고 일자리도 만들어 내는 효자 노릇을 한다. 특히 편백 숲은 경관 가치가 높은 관광 상품이다. 편백나무와 넓은잎나무를 고루 섞어 심는 것이 생물종 다양성을 유지하면서 치유의 숲을 만들고 지구 온난화를 줄이는 데 도움이 될 수 있다.

감귤밭의
삼나무

제주도 감귤밭의 울타리로 심는 삼나무*Cryptomeria japonica*는 낙우송과의 늘푸른바늘잎큰키나무로, 일본에서 1924년에 조림용으로 들여왔으며 일본삼나무라고도 부른다. 삼나무속*Cryptomeria*은 낙우송속*Taxodium*, 메타세콰이아속*Metasequoia* 등과 함께 낙우송과*Taxodiaceae* 나무다.

삼나무는 햇볕이 잘 드는 곳에 심는데, 아름드리나무로 자라면 햇빛을 가려서 다른 식물의 성장을 방해한다. 겨울이 너무 춥지 않은 곳에서 자라며, 바람맞이에서는 겨울에 얼어 죽을 수 있으므로 산골짜기나 산기슭에 심는다. 경사가 적고 흙이 깊고 물기가 있으며 물 빠짐이 좋은 기름진 땅에서는 잘 자라며 토양을 산성으로 바꾼다. 생장이 빠르고 뿌리는 잘 나지만 공해에 약하다.

삼나무는 봄에 다른 나무보다 꽃가루를 많이 만들어 화분증花粉症을 유발해 꺼리는 나무가 됐다. 꽃가루 알레르기인 화분증은 재채기, 코 막힘, 가려움증, 안구 충혈을 일으키고, 심하면 밤새 잠도 못 자고 몸살을 앓는다.

붉은 갈색의 삼나무 목재는 재질이 좋고 특유의 향기가 있어 가구재, 건축재, 장식재 등으로 사용되며, 값이 비싸지 않아 가구를 만들기 좋다.

제주도 감귤밭에서는 여름 태풍과 겨울 찬바람을 막으려고 삼나무를 널리 심었다. 그러나 높게 자란 삼나무 울타리가 햇빛을 가리고 겨울철 차가운 기류를 가두어 감귤나무에 오히려 냉해를 끼치기도 한다. 삼나무가 제주도 자생 식물보다 더 잘 자라 생물 다양성을 해친다는 우려도 있다. 한편에서는 삼나무가 제주 환경에 잘 맞고 경제적 가치가 있으며, 자연 휴양림을 만드는 등 자원 활용도가 높다는 의견도 있다.

감귤밭이나 토지 경계에 심는 삼나무는 제주도 고유의 한라산, 오름, 경작지, 마을, 바다 경관을 가리는 장애물이 되고 화분 알레르기를 일으키므로 제주도 자생종으로 바꾸어 고유한 식생 경관을 조성해야 한다.

비자림로의 삼나무
제주

제주도를 떠들썩하게 한
삼나무

2002년에 국토교통부가 주최한 '제1회 아름다운 도로 대회'에서 전국 지자체의 도로 90곳 가운데 대상을 받은 곳이 '비자림로'다. 제주시 구좌읍 평대리 평대초교 앞 교차로와 제주시 봉개동 516도로 교차로를 잇는 1112번 지방 도로다. 1967년 축산업용 도로를 만들기 위해 자연 숲을 베어내고 비포장도로를 만들었고, 1976년부터 일부 도로구간을 포장하면서 관광 도로가 됐다. 1979년에는 동부축산관광도로라고 불렸으며, 1985년부터 비자림로라고 불렀다.

2018년 8월 교통량이 증가해 도로를 확장한다는 이유로 30여 년

된 아름드리 삼나무 900여 그루를 잘라냈다. 이내 삼나무 숲 훼손에 대한 반발로 공사가 중단됐다가 다시 왕복 4차로로 넓히겠다고 발표하면서 제주도가 떠들썩해졌다. 삼나무 숲을 보존하자는 쪽과 삼나무를 베어내 도로를 넓히자는 쪽이 대립했다. 주변 지역 주민들은 2차선 도로가 좁은데 교통량은 많아 교통 정체와 사고가 잦다며 확장을 꾸준히 요구했다. 반대쪽은 삼나무 도로의 아름다운 모습과 비자림로 주변 삼나무 숲에 멸종 위기 동물들과 천연기념물이 서식한다며 보존을 주장했다. 더구나 멀지 않은 곳에 유치하려는 제주 제2공항 건설에 대한 찬반까지 겹치면서 전국적인 뉴스가 됐다. 이 사안의 본질은 신중한 생각 없이 외래종인 삼나무를 선택해 심은 뒤 나중에 새로운 기준을 들어 아름드리로 자란 나무를 베어야 한다고 한 것이다.

처음에 길을 내면서 삼나무 대신 제주도에 자라는 자생종을 심었더라면 지금쯤 생물 다양성이 높고 고유한 식생 경관으로 제주의 정체성이 살아 있는 숲이 되었으리라는 뒤늦은 아쉬움이 있다. 따라서 앞으로 나무를 심을 때에는 지역 특성에 맞는 자생종을 심어 향토색을 가진 원식생original vegetation을 복원해야 한다. 좁은 길이 주민 생활에 큰 부담이 된다면 대안이 될 수 있는 도로를 내서 주민 불편을 줄여 가는 것도 방법이다. 심을 나무를 선택할 때부터 사람들의 노력이 있어야 한다. 현안에 대해 합리적인 기준을 바탕으로 협의하고, 필요하다면 대안을 만들어 가는 것은 숲의 민주주의이다.

함께 사진을 찍어 볼까요
메타세쿼이아

어떤 지역의 상징이 된 메타세쿼이아*Metasequoia glyptostroboides*는 봄에 새잎이 나오고 가을에 낙엽이 지는 잎지는바늘잎큰키나무이다. 은행나무와 함께 중생대 백악기부터 신생대 제3기에도 살았던 화석나무이며, 중국 후베이성과 쓰촨성에 자생한다. 국내에 심은 메타세쿼이아는 1950년대에 미국과 일본을 거쳐 들어왔는데, 북아메리카에 자라는 자이언트 세쿼이아*Sequoiadendron giganteum*와는 다르다.

메타세쿼이아는 그늘에서는 잘 자라지 못하고 해가 잘 드는 곳을 좋아하며, 물가에서 잘 자란다. 물기가 있는 기름진 모래흙을 좋아하

메타세쿼이아
충북 청주 미동산수목원

고 건조한 땅이나 척박한 땅을 싫어한다. 추위를 잘 견디는 편이고, 빨리 자라며, 곧게 자라는 이국적인 생김새 때문에 인기가 좋은 나무다.

메타세쿼이아와 잎이나 생김새가 아주 비슷한 낙우송*Taxodium distichum*은 북아메리카 원산의 늘푸른바늘잎큰키나무로, 떨어지는 잎이 마치 새 깃털을 닮았다. 낙우송도 물가에서 잘 자라고, 물이 잘 빠지지 않는 습지나 심지어 물속에서 자라기도 한다. 물가에 자라는 낙우송에서 볼 수 있는 땅 위로 불쑥불쑥 솟아오른 공기뿌리는 산소를 흡수하는 기근氣根이다.

비슷하게 보이는 낙우송과 메타세쿼이아는 몇 가지 다른 점이 있어 구별할 수 있다. 첫째, 낙우송의 솔방울은 열매 자루가 없이 가지에 바짝 붙어 나고, 메타세쿼이아 솔방울은 긴 자루에 매달려 난다. 둘째, 낙우송의 잎과 가지는 어긋나게 달리지만, 메타세쿼이아의 잎가지는 2개가 서로 마주보고 붙어 있다. 셋째, 물가에서 잘 자라는 낙우송은 땅 위로 뿌리를 내밀고 숨을 쉬기 위한 공기뿌리가 두드러진다.

메타세쿼이아는 벌레가 잘 끼지 않으며 나무 모양이 아름다워 가로수, 공원, 유원지, 기념비적 건축물 등에 심는다. 목재는 가볍고 결이 고와 건축재, 악기로 사용하지만 재질은 매우 약해 펄프재로 널리 쓴다. 메타세쿼이아 한 그루당 이산화탄소 흡수량은 약 70kg으로 주요 가로수의 2배, 소나무의 10배에 이르며, 탄소 저장량도 다른 나무보다 2배 정도 많다.

곰솔
국립수목원

울레미 소나무
충남 태안 천리포수목원

소나무가 아닌 소나무
금송과 울레미 소나무

이름만 들어도 비싸 보이는 금송*Sciadopitys verticillata*은 일본 남부에서만 자라는 특산종 늘푸른잎바늘큰키나무다. 근연종이 없는 살아 있는 화석으로, 소나무처럼 바늘잎 뒷면이 황백색을 띠는 데서 이름이 왔다. 나무 이름에 '소나무 송松' 자가 붙었지만, 소나무 종류가 아니고 낙우송과 금송속에 속하는 나무다. 바늘잎이 굵고 하나씩 나기 때문에 분재용 나무로 인기가 많다.

금송은 오래 살고 높게 자라지만 매우 더디게 자란다. 어린 묘목일 때는 잘 자라지 않고, 10년째부터 빠르게 자란다. 양지에서도 자라지만, 그보다 그늘이나 반그늘을 좋아한다. 또한 물 빠짐이 좋고 기름진 땅을 좋아한다.

일본에서는 신사에 많이 심는데, 우리나라에서 충남 아산 현충사와 경북 안동 도산서원 경내에 오래전 대통령이 일본 원산의 금송을 심어 논란이 됐다. 전시, 교육과 연구 목적으로 국립수목원 등 국가 기관에 심기도 한다. 금송은 지질 시대에 한반도에서 자랐기 때문에 화석으로 출토된다. 심어진 나무 자체를 문제 삼기 이전에 나무가 갖는 특성과 배경을 고려해 장소에 알맞은 나무를 심는 적지적수適地適樹 정책이 필요하다.

한편 낙엽송, 금송과 함께 소나무라는 이름을 가졌지만 정작 소나무가 아닌 나무가 또 있다. 울레미 소나무Wollemia nobilis는 아라우카리아과Araucariaceae의 늘푸른바늘잎큰키나무로 40m까지 자란다. 지구상에서 가장 오래된 바늘잎나무로, '살아 있는 화석'으로 불리며 공룡이 먹어 '공룡소나무'라는 별칭을 갖고 있으나 역시 소나무가 아니다.

울레미 소나무는 2억여 년 전인 중생대 쥐라기 공룡 시대부터 생존했으나 화석으로만 확인돼 지구에서 멸종된 것으로 알려졌다. 그런데 1994년에 오스트레일리아 블루마운틴 지역 울레미 국립공원에서 100여 그루가 처음으로 발견됐다. 600m 깊이, 불과 0.5ha(약 1,500평) 정도의 협곡 내 좁은 습윤지에 자라고 있었던 것이다.

울레미 소나무가 멸종되지 않고 지금까지 살아남을 수 있었던 것은 협곡이라는 가장 좋은 피난처에서 자랐기 때문이다. 협곡 습윤지는 울레미 소나무가 건조한 기후와 들불을 피하고 생존하기에 가장 적합한 환경을 만들어 주었다.

울레미 소나무 가운데 큰 것은 직경이 1m에 높이가 38m에 이르는 거대한 식물이며, 현재 큰 나무 23개체와 어린 나무 16개체 등 모두 39개체가 자생한다. 세계적으로 귀중한 식물 자원으로 세계자연보전연맹에서 멸종 우려종으로 분류해 보호하고 있으며, 어린 나무가 세계 여러 곳에 입양 분양돼 자라고 있다.

세쿼이아
미국 캘리포니아

눈향나무
한라산 백록담

세상에서 가장 크고 작은
바늘잎나무

미국 서부에 이 나무의 이름을 딴 국립공원이 있을 정도로 유명한 나무인 세쿼이아*Sequoia sempervirens*는 낙우송과에 속하고, 영어로는 레드우드redwood, 우리 이름은 미국삼나무다. 지구상 가장 큰 생명체인 자이언트 세쿼이아와 함께 세상에서 가장 높은 나무로 키가 90m 이상 자라기도 한다. 세쿼이아는 공룡 시대부터 북반구를 지배한 나무였으나 신생대 제4기 플라이스토세 빙하기 무렵 미국 캘리포니아 북부 해안선으로 밀려났다.

　성장 속도가 가장 빠르기로도 유명한 세쿼이아는 묘목이 매년

1.8m까지 자란다. 지금은 미국 오리건 남서부에서 캘리포니아 중부에 이르는 해변에서 가까운, 안개가 짙은 해발 고도 1천m 지역에서 주로 자란다.

세쿼이아가 아름드리 숲을 자랑하는 캘리포니아주 세쿼이아 국립 공원에는 높이 약 84m에 지름 1.1m, 둘레 3.1m로 세계에서 가장 몸집이 큰 '제너럴 셔먼' 나무가 자란다. 나이가 2천 년 정도인 이 나무의 적갈색 껍질 두께는 61㎝, 무게는 뿌리를 포함해 약 2천 톤이다.

이와는 대조적으로 키가 20㎝ 정도로 작은 꼬마 바늘잎나무인 눈향나무*Juniperus chinensis var. sargentii*는 제주도 한라산, 지리산, 설악산 등 높은 산의 정상에서 땅 위를 기면서 살고 있다.

눈향나무는 '누워 자라는 향나무'라는 뜻을 가진 나무로 땅위를 기며 사는 대표적인 고산성 늘푸른 바늘잎나무다. 햇볕이 많아야 하고, 추위를 잘 견딘다. 요즘 설악산, 지리산, 한라산 정상 일대의 눈향나무의 서식지와 개체수가 부쩍 줄어들어 보호가 필요하다.

내 나이 5천 살
브리슬콘 소나무

아주 오래 살아 강철소나무Bristlecone pine라고도 부르는 브리슬콘 소나무Pinus longaeva는 잎이 한 묶음에 5개씩 나는 늘푸른바늘잎큰키나무로 미국 서부 캘리포니아주 화이트산맥에 자라며 세상에서 가장 장수하는 소나무로 이름 높다. 현재 나이가 가장 많은 브리슬콘 소나무의 이름은 므두셀라Methuselah로, 나이가 5천 살에 이른다.

해발 고도가 높아짐에 따라 기후가 급변하는 환경에서 자라는 브리슬콘 소나무는 생장 기간이 매우 짧다. 눈이 녹기 시작하는 5월에 봄이 시작되기 때문에 나무가 생장할 수 있는 기간은 단 3개월뿐이며,

미 국 캘 리 포 니 아

브 리 슬 콘 소 나 무

기후가 나쁠 때는 생장 기간이 6주 정도일 때도 있다. 이 때문에 연평균 생장은 0.25㎜ 정도로 아주 느리다.

　브리슬콘 소나무는 다른 나무들이 살기 어려운, 입지 조건이 척박한 곳에서 자라기 때문에 개체 전체의 생존을 위해 필수적이지 않은 시스템을 모두 닫고 제한된 영양분으로만 산다. 오랜 기간 생존하려고 에너지 소비를 최소화하고 재해를 막는 방법을 얻은 것이다. 삼림한계선보다 높은 고산대의 극한 환경에서도 자라면서 오래 사는 생명력이 뛰어난 나무다. 브리슬콘 소나무에서 뽑아낸 나이테는 연륜연대학이라는 분석 기법을 이용해 지난 5천 년 동안의 기후, 생태, 자연사에 대한 정보를 알려 주는 살아 있는 타임머신인 셈이다.

PART 4
바늘잎나무와 살림

인류가 지구상에 출현한 이래 사람들은 자연에서 먹을거리, 입을 거리, 쉼터, 생활 도구 등을 구하며 살아왔습니다. 초기 인류는 추위와 짐승의 공격으로부터 자신을 보호하고, 사냥 도구, 불을 피우고 음식을 만드는 재료로 나무와 풀을 이용했지요. 선사 시대와 역사 시대를 거쳐 의식주에 필요한 자원을 나무와 숲에서 얻었고 경작지와 거주지를 만들고자 숲에 손을 댔습니다. 요즘에는 새로운 산업에 바늘잎나무와 부산물들이 이용되면서 그 쓸모와 가치를 높여 가고 있습니다.

배고플 때
바늘잎나무

바늘잎나무는 먹을거리를 내주기도 하고, 건강한 몸을 유지하는 데 도움을 주며, 질병으로부터 사람 목숨을 구하는 데 사용하기도 한다. 그러나 자연에서 얻을 수 있는 재료를 전문적인 지식 없이 사용하다가는 부작용을 겪을 수 있으므로 주의해야 한다.

가을걷이가 끝난 뒤 겨우내 먹었던 묵은 곡식이나 먹을거리가 떨어지고 보리는 미처 여물지 않아서 굶주리던 이른 봄 배고프던 때가 보릿고개다. 이때 가난한 백성은 풀뿌리와 나무껍질을 먹으면서 살았는데, 칡뿌리나 소나무의 껍질까지 벗겨 먹는 초근목피草根木皮의 궁핍한

삶이었다. 소나무 두꺼운 겉껍질을 벗기면 나오는 누런 속살인 송기松
肌를 곡식과 함께 죽으로 끓여 먹었는데, 문제는 먹고 나면 심한 변비
를 겪었다는 것이다. '똥구멍이 찢어지게 가난하다'라는 표현이 나온
것도 이 때문이다.

우리는 이런 시절을 극복했지만 아직도 절대 빈곤과 기아에 허덕이
는 이웃이 가까이에 있고, 멀리 개발도상국도 있다는 사실을 기억하
고 먹을거리를 알뜰하게 다루어야 한다.

'송충이는 솔잎을 먹어야지 갈잎을 먹으면 죽는다'라는 속담도 있
다. 송충이뿐만 아니라 사람들도 솔잎을 먹었다. 소나무를 약으로 여
겨 솔잎을 날로 먹기도 했고, 그늘에서 말려 위장병, 고혈압, 중풍, 신
경통, 천식 등에도 사용했다. 솔잎에는 몸을 만드는 단백질원인 필수
아미노산이 풍부한데, 이것은 체내에서 합성되지 않으므로 먹어서 보
충해야 한다. 솔잎에는 사람에게 필요한 8가지 필수 아미노산이 모두
들어 있다. 항산화제 혹은 노화 방지제로 알려진 비타민 A와 베타카
로틴도 있다.

독이 되고 약도 되는 바늘잎나무

고기를 먹음직스럽게 하고 미생물 번식에 의한 부패를 막고자 나무 연기를 쐬여 만드는 훈연燻煙 식품은 참나무류와 같은 넓은잎나무를 태워 만들며, 바늘잎나무를 사용하지 않는다. 바늘잎나무는 인체에 해로운 타르 성분을 많이 만들어 내기 때문이다. 고기를 불에 직접 구울 때 나오는 미세먼지는 1군 발암 물질이다.

노화 이론에 따르면 독성 산소인 활성 산소는 노화를 일으켜 좋지 않은데, 이 활성 산소를 막을 수 있는 항산화 물질이 소나무 껍질에도 있다. 껍질에는 카테킨, 에피카테킨, 톡시폴린, 프로시아니딘 등의 플라보노이드류와 카페산, 갈산, 쿠마르산, 바닐릭산 등의 유기산들이 들어 있다.

조선 시대 명의 허준이 1610년에 저술한 《동의보감》에서는 "비자를 하루 일곱 개씩 이레 사이에 먹으면 촌충이 없어진다."라고 했다. 비자나무 씨앗은 사찰 등에서 구충제로 쓰였고, 고려와 조선 시대에 진상품이었으며, 제사상에 오르기도 했다. 비자 씨앗을 짠 기름은 식욕 증진, 소화 촉진, 변비 및 치질 치료 등에 효과가 있다.

높은 산에 자라는 주목 씨앗의 씨눈, 껍질에서는 항암 성분인 택솔을 추출한다. 택솔은 암세포의 DNA와 RNA 합성에는 영향을 주지 않고 DNA 분자 자체에도 손상을 주지 않으면서 암세포 성장을 세포 분열 중기에 멈춰 암세포를 죽인다고 한다. 난소암, 유방암, 폐암 말기 환자에게 효과적인 항암 물질로 알려졌다.

바늘잎나무 껍질에 많은 메틸 설포닐 메탄MSM은 식물성 식이 유황으로, 아미노산의 구성 성분이자 세포가 생명을 유지하는 데 필요한 성분이다. 연골과 콜라겐을 만드는 데 꼭 필요하며, 면역력을 높이고, 염증을 줄이고, 근육 경련을 풀어 줘 허리와 목의 통증에 효과적이며 치통에도 좋다. 식품의약품안전처가 권하는 유황의 하루 권장 섭취량은 2천㎎ 정도다. 바늘잎나무에 있는 성분들을 활용해 질병으로 고통받는 사람들에게 건강해지길 소망한다.

송
이

솔잎 먹고
송이도 먹고

1433년(세종 15), 노중례 등이 완성한 《향약집성방鄕藥集成方》은 우리나라에서 생산되는 약재인 향약과 병의 원인과 처방에 대한 책이다. 이 책에 따르면 솔잎 적당량을 좁쌀처럼 잘게 썰어 부드럽게 갈아서 먹으면 몸이 거뜬해지고 힘이 솟으며 추위를 타지 않는다고 한다. 《동의보감》에 따르면, 솔잎을 오랫동안 생식하면 늙지 않고 원기가 왕성해지며 머리가 검어지고 추위와 배고픔도 모른다고 한다.

솔잎에는 인체를 형성하는 데 중요하지만 몸 안에서는 만들지 못하는 단백질을 만드는 8가지 필수 아미노산이 풍부하다. 솔잎 성분 가운데 중요한 물질은 공기 중으로 날아가는 휘발성 성분인 테르펜이다. 테르펜은 5개의 탄소와 8개의 수소 원자로 이루어진 탄화수소인 이소프렌 단위체가 모여서 만들어진다. 테르펜 성분이 인체에 흡수되면 혈관 벽을 자극해 피를 잘 돌게 하고 여러 기능을 활성화시키며 기생충과 병균을 몰아낸다. 테르펜은 산소와 결합해 쉽게 산화물을 만들어 활성 산소를 크게 줄일 수 있다고 한다.

소나무와 송이Tricholoma matsutake는 같은 공간에서 서로 도우며 공생한다. 기름진 땅의 소나무는 주된 줄기에 탄수화물을 저장하고 겨울을 나기 때문에 송이버섯은 겨울 동안 양분 부족으로 죽는다. 그러나 척박한 곳에서는 소나무가 양분을 뿌리에 저장해 겨울나기를 하므로 살아 있는 소나무 뿌리에 붙어사는 송이는 탄수화물을 공급받아 자랄 수 있다.

송이는 소나무와 넓은잎나무가 섞여 자라는 숲보다는 소나무만 자라는 숲에서 수확량이 훨씬 많다. 너무 습하거나 더운 것을 싫어하며, 8월 말에서 9월 초에 태풍이 지나가면 생산량이 많아진다. 강한 바람이 온 산의 소나무를 흔들어 주면서 소나무 뿌리에 기생하는 송이의 포자가 퍼져 나가기 때문이다. 송이 채취는 가을비가 얼마나 오는가에 따라 달라지며 채취 시기, 크기, 모양에 따라 등급이 정해진다. 송이버섯은 콜레스테롤을 감소시키며, 항암 작용을 한다. 항암 성분인 크리스틴은 위암, 직장암 등의 발생을 억제하는 데 좋고, 면역력 증진 및 골다공증 예방에도 도움을 준다.

송이의 대표적인 산지는 강원도 삼척과 경남 거창 등 백두대간과 경북 영덕, 울진, 포항, 청송 등 낙동정맥洛東正脈에 걸친 산골이다. 송이가 나는 곳은 자식한테도 가르쳐 주지 않는다는 우스갯소리가 있을 정도로 송이는 산골 사람들에게 중요한 소득원이다. 그러나 기상 이변과 기후 변화 그리고 산불로 강원도, 경북 등에서 송이 따기가 힘들어진다는 소식이다. 기후 변화가 계속되면 지구 온난화에 따라 송이가 나는 면적도 줄어 일부 강원도 산간에서만 생산될 수 있다는 우울한 이야기도 있다.

국립산림과학원은 송이 감염묘感染苗 기술을 이용해 송이가 나던 곳에 어린 소나무를 심어 송이 균을 감염시킨 후 큰 소나무가 있는 산에 다시 옮겨 심는 방법으로 일본잎갈나무 조림지로 둘러싸인 소나무 숲에서 송이 인공 재배에 성공했다. 자연을 이해하고 이용하려는 인간의 노력은 끝이 없다.

한편 잣버섯Lentinus lepideus은 느타리과 잣버섯속에 속하는데, 잣나무와 같은 바늘잎나무가 죽어서 된 고사목에 서식한다. 잣버섯은 봄부터 가을까지 바늘잎나무 숲에서 따거나 죽은 나무를 이용해 재배하는데, 맛과 향이 좋고 항암 성분이 많아 인기다. 소나무, 잣나무, 구상나무, 삼나무, 비자나무, 주목나무, 노간주나무 등에 기생하는 송라松蘿는 일반 겨우살이와는 다른 지의류다. 송라, 붉은수염송라, 솔송라 등은 안개가 많이 끼는 절벽이나 바늘잎나무에 주로 붙어 가느다란 실처럼 자란다.

석송령
경북 예천

관음송,
정이품송과 석송령

부모를 잃고, 삼촌인 세조에게 임금 자리를 빼앗긴 어린 단종은 강원
도 영월 남한강 상류 '육지 속의 섬'으로 알려진 청령포에 유배됐다.
단종이 슬픔을 달래던 곳에 있던 소나무가 천연기념물 제349호인 관
음송觀音松이다. 17세에 죽임당한 단종의 생활을 지켜보았으므로 관觀
이요, 슬픔에 잠긴 단종의 오열을 들었으니 음音이라는 뜻이다. 키가
30m에 이르는 관음송은 우리나라 소나무 가운데 가장 키가 큰 소나
무 중 하나다. 관음송이 실의에 빠진 단종에게 얼마나 큰 위안이 되었
는지 소나무는 알고 있을까?

충북 보은 속리산 법주사로 가는 길목에 있는 '벼슬 받은 소나무' 정이품송正二品松은 나이가 600년 이상, 높이 16m의 소나무로 천연기념물 제103호다. 본디 둘레 4.5m로 우산을 펼친 모양을 했으나 강한 바람과 폭설에 부러져 생김새가 예전 같지 않다.

정이품송에는 재미있는 일화가 있다. 2001년 정이품송과 강원 삼척 금강소나무의 혼례가 열려 기네스북에 오른 것이다. 신랑 정이품송과 신부 금강소나무는 삼척 준경묘에서 혼례 의식을 치렀다. 이 소나무 부부에게서 받은 솔씨로부터 200여 그루의 아기 소나무를 생산했고, 그 후손이 경복궁 내 국립고궁박물관 부근에도 자란다.

경북 예천에는 땅을 소유해 재산세를 내는 소나무가 있다. 나이가 600살 정도인 천연기념물 제294호 석송령石松靈이다. 자식이 없던 마을 주민에게 토지 1천여 평을 상속받은 석송령은 마을 학생들에게 장학금도 주었다.

2017년 뉴질랜드 의회는 '자연의 권리'를 존중하며 하천의 법적 위상을 세계 최초로 인정했다. 뉴질랜드 원주민인 마오리족과 공존한 뉴질랜드 북섬 황거누이강이 차별받지 않을 주체로서 법적 권리인 법인격legal personality을 갖게 된 것이다. 뉴질랜드 법률에 따라 황거누이강은 정부와 마오리족을 대표해 후견인 역할을 하는 대리인을 통해 자신의 안위와 이익에 문제가 발생하면 법률적인 행위를 할 수 있는 권리를 보장받았다. 정이품송, 석송령과 황거누이강의 사례를 바탕으로 우리도 사람과 자연이 공생하는 세상을 만들어야 한다.

소나무와
전쟁

우리 역사는 끊임없는 외세의 침략과 그에 맞서는 항전으로 이어진다. 소나무는 오래전부터 배를 만드는 재료로 사용됐으니, 경남 창녕에서 발굴된 8천 년 전 신석기 시대 배도 소나무로 만들어졌다. 중국과 몽골 등은 수시로 우리를 침략했고, 대륙으로 진출하려는 일본은 호시탐탐 우리나라를 넘보았다. 역사상 가장 처참한 전쟁에 속하는 1592년 임진왜란과 1598년 정유재란으로 나라가 위기에 처했을 때 이순신은 거북선, 판옥선板屋船을 이끌고 군사를 지휘해 일본 수군을 무찔렀다. 이로써 한산 대첩과 부산 해전에서 승리를 거두고 바다를

충남 아산 봉곡사

소나무 송진 채취 흔적

장악해 왜적의 통로와 보급로를 막았다.

임진왜란에서 승리한 데에는 조선 수군의 주력 전함인 판옥선과 거북선이 큰 역할을 했다. 판옥선 지붕은 여름에 만들어진 단단한 세포가 많은 소나무 널빤지로 만들었다. 바닥은 등뼈 같은 용골이 없이 편평한 평저선平底船인 한선韓船이었다. 이에 소나무로 선체를 만들었고, 참나무류, 박달나무, 녹나무 등을 덧대서 만든 것으로 본다. 배 외부는 단단하고 바닥은 평편해 제자리에서 회전이 쉽고 기동성이 있었다. 이 때문에 삼나무와 편백나무로 만들어져 무른 일본 배를 박치기로도 물리칠 수 있었다.

송진은 소나무가 손상을 입었을 때 분비되는 액체이며, 송진을 가공해서 얻는 기름이 송탄유松炭油다. 송탄유는 생필품 원료뿐만 아니라 군용기에도 석유 대용으로 사용했다. 일제 강점기에 일본은 한반도 전역에서 송탄유를 강제로 공출했다. 소나무 아래 줄기에 'V' 자로 상처를 내 송진을 뽑고, 송진이 많이 엉긴 관솔에 불을 지펴 송진을 뽑아냈다. 당시의 송진 채취로 생긴 흉측한 상처를 간직한 소나무를 지금도 여러 곳에서 볼 수 있다.

북한에서도 1990년대 중후반까지 경제난, 식량난으로 고통을 겪은, 이른바 '고난의 행군'이라 부르는 어려운 시기를 보내면서 죽은 소나무 뿌리나 관솔 등을 이용해 송탄유를 만들어 정류해 휘발유, 경유, 중유 등을 생산한 것으로 알려졌다. 바늘잎나무가 평화를 위해 활용되고, 사람들의 몸과 마음도 풍족하게 해 주는 날이 오길 기원한다.

소나무로 만든 관
충남 공주 계룡산자연사박물관

죽어서도
바늘잎나무와 함께

이집트에서 기원전 3600년 무렵의 것으로 보이는 방부 처리된 미라가 발견됐다. 미라에 사용된 방부제는 식물성 기름, 고무, 가열한 바늘잎나무의 송진인 발삼balsam으로 만들었다. 발삼은 항균 성분이 있어 시신의 부패를 막는 핵심 재료다.

　대전과 경북 구미에서도 소나무로 만든 관 주변을 석회를 바른 회곽묘灰槨墓에서 미라가 발견됐다. 계룡산자연사박물관에 전시된 조선시대 학봉장군 회곽묘는 바깥쪽 관과 안쪽 관의 연결 부분마다 송진으로 채워졌고, 관 바깥 부분은 석회로 둘러싸 외부의 습기를 막았다.

시신은 밀폐된 소나무 관 안에서 오랫동안 진공 상태로 보존되면서 미라가 됐다.

이렇게 사람이 사망한 뒤에도 원래 모습을 유지하려는 욕망이 이어지고 있다. 1994년과 2011년에 각각 세상을 떠나 평양 금수산태양궁전에 안치돼 있는 북한 김일성 주석과 김정일 국방위원장의 시신은 러시아 모스크바 레닌 연구소가 방부 처리하고 관리한다. 레닌 연구소는 1969년 숨진 베트남 호치민 주석 시신의 관리도 맡고 있다.

시신을 오래 보존하려면 보존액이 필수적이다. 시신에 보존액을 스며들게 해 부패를 막는데, 바늘잎나무에서 추출한 발삼이 보존액으로 사용된다. 발삼은 전나무 등 바늘잎나무에서 자연적으로 나오거나 상처가 났을 때 흘러나오며 독특한 향기가 있는 끈끈한 진津인 천연 수지다. 나뭇진은 대부분 올레산이지만, 벤조산이나 계피산으로 이루어진 것이 발삼이다. 발삼은 나무가 자기 상처를 보호하거나 곤충과 균류를 죽이는 데 쓰인다.

조선 왕들의 위패를 모신 종묘 입구 연못에는 향나무가 한 그루 있다. 연못 가운데 섬에는 일반적으로 소나무를 심지만, 사당인 종묘에는 항상 예를 갖춘다는 의미에서 바늘잎큰키나무인 향나무*Juniperus chinensis*를 심었다. 오늘날에도 일반 가정에서 차례를 지내거나 종교의식을 할 때 향을 피운다.

사람들은 죽어서 산에 묻히고 싶어 한다. 산소 주변에서 소나무를 쉽게 볼 수 있는데, 소나무는 햇빛을 좋아하고 척박한 토양에서도 경쟁력이 있어 잘 자라므로 묘지를 지키는 나무로 알맞다. 무덤 근처의 소나무는 경관을 만들고 사면을 안정시켜 땅이 움직이거나 산사태로 묘소가 훼손되는 것을 막아 준다. 대전국립현충원 정문 주변에는 나이 30~40년 정도인 독일가문비나무와 스트로브잣나무 등 외래 바늘잎나무가 자랐는데, 최근에는 소나무로 바꾸었다.

나무를 사랑해 산에 울창한 숲을 만들어 사회에 기부한 대기업 회장들, 한국인으로 귀화해 평생 수목원을 가꾸어 사회에 환원한 푸른 눈의 외국인은 묘지를 남기는 대신 수목장 등을 선택했다. 국가는 그들의 뜻을 높이 기려 국립수목원 '숲의 명예의 전당'에 흉상으로 모셔 많은 사회에 본보기가 되고 있다. 죽어서 묘지 등으로 자신의 흔적을 남기지 않겠다는 다짐을 되새겨 본다.

크란츠

크리스마스 리스 장식

크리스마스와
바늘잎나무

인류의 가장 오랜 토착 신앙 가운데 하나는 오래된 나무인 노거수老巨樹를 섬기는 토테미즘이다. 스웨덴, 노르웨이에는 예로부터 나무를 숭배해 행운을 바라는 뜻으로 새로 지은 집 용마루에 전나무 가지를 얹어두는 풍습이 있다. 추운 겨울에는 늘푸른넓은잎나무를 집 안으로 들여와 분위기를 밝게 만들었다. 서양에서는 연말이면 크리스마스트리를 꾸미고 출입문에 화환 모양의 독일식 크리스마스 장식인 크란츠Kranz를 걸어 둔다. 전통적으로 크란츠에 사용되는 소재는 늘푸른바늘잎나무나 호랑가시나무와 같은 늘푸른넓은잎나무로, 사계절 시들지 않는 영원한 삶을 상징한다. 유럽 성당 주변 묘지에는 영생을 희망하는 마음으로 늘푸른바늘잎나무인 주목을 많이 심는다.

바늘잎나무에 금물을 들인 열매, 초, 사과 등을 달아서 별, 달, 해를 상징적으로 만든 것이 크리스마스트리의 유래다. 오늘날에는 전나무, 가문비나무와 같은 늘푸른바늘잎나무를 장식해 기념한다.

크리스마스트리로 전나무를 주로 사용하게 된 것은 8세기로 거슬러 올라간다. 당시 독일에 파견된 선교사 오딘이 떡갈나무에 사람을 제물로 바치는 야만적 풍습을 멈추게 하려고 옆에 자라는 전나무를 가리키며 아기 예수의 탄생을 축하하라고 설교하면서 시작됐다고 한다. 1419년에는 프라이부르크에서 제빵사들이 집 없는 사람에게 잠자리를 제공하는 성령구빈원 앞에 트리를 설치했다고 한다. 크리스마스트리는 16세기 초 동판화에 그림으로 남아 있으며, 종교 개혁가 마르틴 루터에 의해 유럽으로 전파됐고, 19세기에는 부유한 시민 가정으로 퍼졌다. 영국에서는 19세기 말 빅토리아 왕조 시대에 일반화됐다. 러시아에서는 바늘잎나무가 죽음을 의미했기 때문에 크리스마스트리로 환영받지 못했으나 요즘은 일반화됐다. 우리나라는 광복 이후 미군정 때 관공서에서 크리스마스를 휴일로 지정했다가, 1949년 기독교 신자였던 이승만 대통령이 '기독 탄생일'이라는 이름의 법정 공휴일로 지정했다.

서양 사람들이 크리스마스트리로 가장 좋아하는 나무는 원뿔형의 구상나무 품종이다. 구상나무는 우리나라 남부 아고산대에만 자생하는 늘푸른바늘잎큰키나무로 특산종이다. 1920년대에 외국으로 널리 소개됐고, 여러 품종으로 육종돼 전 북아메리카와 유럽 원예 시장에서 가장 있기 있는 조경수 중 하나이자 베스트셀러 크리스마스트리다. 그러나 구상나무 종자에 대한 권리는 원산지인 우리나라가 아니라 미국 스미스소니언 박물관에서 갖고 있다.

크리스마스에는 가로수를 화려하게 장식해 분위기를 내기도 한다. 그러나 나무는 대기 온도가 5도 아래로 떨어지면 광합성과 증산 작용 등 생리적 활동을 멈추고 겨울잠을 준비한다. 나무줄기와 가지에 설치된 장식용 전구와 빛은 식물의 생체 리듬을 방해하고, 나무가 밤을 낮으로 인식하면서 낮에만 일어나는 광합성이 밤에도 일어나 생리적인 교란과 불균형이 일어난다. 제대로 쉬지 못한 늘푸른바늘잎나무들은 개화, 단풍, 낙엽 시기 등이 달라지면서 생리적 불안정을 겪는다. 얇은 가지와 잎 등 취약 부위가 전구와 접촉하면 마름병 등 열에 의한 피해가 발생하고, 장식하는 동안 나무에 상처가 나면 동해나 병충해가 생길 수 있다. 따라서 바늘잎나무 잎에 전구가 직접 닿지 않게 추운 12월 이후에 설치하고 2월 말 이전에는 조명을 철거해야 한다.

최근에는 크리스마스마다 나무가 훼손되는 것을 막고 환경을 보호하기 위해 '에코 트리'가 확산되고 있다. 사람들이 쓰고 버린 비닐봉지와 종이컵을 이용해 트리를 만들고 장식하는 것이다. 담배 필터의 부작용을 알리기 위한 담배꽁초 크리스마스트리도 등장했다. 나무와 사람이 공생하는 새로운 도전을 기다린다.

일월오악도

국립고궁박물관

문화와 함께
숨 쉬는 바늘잎나무

바늘잎나무는 그림, 시, 노래로도 우리 곁을 지키면서 위안과 행복을 준다. 소나무는 애국가에 등장하고, 동요에도 〈소나무〉, 〈아빠 소나무와 아기 소나무〉 등이 있고, 소나무라는 걸 그룹도 있다. 소나무를 노래한 것으로 알려진 독일 민요 〈소나무야O Tannenbaum〉는 실제로는 전나무를 노래한 곡이다.

소나무는 예로부터 바늘잎나무 중 그림에 가장 자주 등장한 나무다. 평양 진파리 1호 무덤의 6세기 고구려 때 벽화에는 소나무가 그려져 있다. 신라 시대 화공 솔거가 황룡사 담장에 그린 소나무는 너무 사실적이어서 새들이 날아들 정도였다고 한다. 고려 시대에 관음보살을 주제로 한 불화 〈수월관음도〉 모퉁이에 그려진 소나무는 우연이라고 보기 어렵다. 불교에서도 사찰 주변에 자라는 소나무를 특별하게 취급했던 것으로 본다. 소나무를 비롯한 바늘잎나무는 대나무, 매화와 함께 우리 민족의 정서를 대변하는 나무다.

조선 시대에 화가가 그린 소나무는 이상좌의 〈송하보월도松下步月圖〉, 진경산수의 대가 정선의 〈사직노송도社稷老松圖〉, 이인상의 〈설송도雪松圖〉와 〈송하관폭도松下觀瀑圖〉, 이인문의 〈송계한담도松溪閑談圖〉, 이재관의 〈송하처사도松下處士圖〉, 김수철의 〈송계한담도松溪閑談圖〉, 김홍도의 〈선인송하취생도仙人松下吹笙圖〉, 신윤복의 〈송정아회松亭雅會〉, 장승업의 〈송하노승도松下老僧圖〉, 김정희의 〈세한도歲寒圖〉 등 헤아리기 어려울 정도로 많다.

이 가운데 조선 최고의 명필 추사 김정희의 걸작 〈세한도〉(국보 180호)는 제주도 대정으로 유배된 완당이 모든 것을 잃고 고립되어 살던 때 자신을 찾아온 제자 이상적과의 이야기를 담고 있다. 추사는 〈세한도〉를 그리게 된 연유를 이렇게 말했다.

공자께서 말씀하시길 '한겨울 추운 날씨가 된 다음에야 소나무, 잣나무가 시들지 않음을 알 수 있다'라고 하셨다. 추운 계절이 오기 전에도 같은 소나무, 잣나무요, 추위가 닥친 후에도 여전히 같은 나무다. 그대가 나를 대하는 처신을 돌아보면 그전이라고 더 잘한 것도 없지만, 그 후라고 이전만큼 못한 일도 없었다.

조선 왕이 앉아 있는 옥좌 뒤에는 하늘에 해와 달이 있고 우뚝 솟은 산에서 계곡 양편으로 폭포가 흘러내리며 좌우 언덕에 각각 두 그루씩 아름드리 소나무가 우뚝 서 있는 〈일월오악도日月五嶽圖〉가 있었다. 〈일월오악도〉는 궁중에서만 사용할 수 있는 가장 한국적인 그림으로, 임금이 오래 살고 왕조가 번창하기를 바라는 마음에서 그려졌다.

〈산신도山神圖〉에는 대부분 소나무만 등장한다. 소나무만이 산신을 상징할 수 있기 때문이다. 따라서 소나무는 우주수宇宙樹 또는 세계수世界樹로도 볼 수 있다. 오래 살고 싶은 인간의 욕심을 그린 십장생十長生에는 소나무를 학, 사슴과 함께 그렸다. 소나무 그림은 서민의 생활 공간을 장식했던 실용적인 그림이었다.

한편 생활 문화에서 소나무는 백성 속에 자리하기도 한다. 아기가 태어나면 금줄에 소나무 생가지를 끼우는 것도, 장을 담글 때 항아리에 솔가지와 숯을 넣은 금줄을 치는 것도 사악한 기운을 물리치는 풍습이고 문화였다.

요즘에는 SNS를 이용해 새해 안부를 전하지만, 예전에는 정월이면 한 해를 맞이하며 어른들께 새해 인사를 드렸다. 가까이 모시는 어른에게는 직접 세배를 드렸으나 멀리 계신 분께는 서신으로 안부를 전했으니, 복을 많이 받고 건강하기를 비는 뜻에서 소나무와 학을 그린 것이 연하장과 같은 세화歲畵다.

아름드리 소나무 숲
경북 봉화

살림살이에 도움을 주는
바늘잎나무

지층에서 얻은 시대별 꽃가루의 변화를 나타내는 화분도花粉圖, pollen
map를 보면 지금으로부터 약 2만 년 전 최후빙기가 절정을 지날 때인
1만 7천~1만 5천 년 전 동해안 속초 영랑호 일대에는 가문비나무, 전
나무, 잎갈나무 등 오늘날 백두대간 높고 한랭한 곳에서 자라는 한대
성 바늘잎나무들이 번성했다. 당시 식생을 보면 구석기 시대 사람들
은 지금보다 혹독한 환경에서 살았을 것이라고 짐작할 수 있다.

　1만 2천여 년 전 홀로세에 들어 기후가 온난해지면서 우리 숲에서
는 오늘날처럼 소나무 등의 바늘잎나무와 참나무류, 느티나무 같은

넓은잎나무가 섞여 자랐다. 기후 변화에 따라 소나무와 참나무류는 서로 자리다툼을 멈추지 않았지만, 소나무는 주요 나무로 명맥을 이어 와 오늘에까지 이르렀다.

신라 왕 무덤인 천마총에는 관 재료로 느티나무를 썼다. 지금도 느티나무가 마을에서 홀로 자랄 때는 가지를 넓게 뻗어 마을 사람들의 쉼터를 만든다. 주변에 흔해서 상대적으로 대접이 소홀한 느티나무는 신생대 제3기에 전 세계적으로 분포했으나 지금은 우리나라 등 동아시아 일부에만 자라는 지질 시대의 유존목이자 자연 유산이다.

예로부터 목질이 단단한 넓은잎나무를 베어 쓰다 보니 15세기 이후에는 쓸 만한 넓은잎나무가 줄어들었고, 대신 소나무를 재목으로 널리 사용했다. 특히 임금님 관을 만들고, 궁궐을 지을 때도 소나무를 쓴 탓에 소나무가 가장 좋은 나무라고 생각하는 인식이 널리 퍼졌다고 한다. 우량한 소나무를 베지 못하게 하는 금송禁松 정책은 고려와 조선 시대 동안 이어졌다. 지금도 사람들은 소나무를 가장 좋은 나무로 알고 있다.

예전에는 장작, 톱밥과 목분 제조, 표고버섯 재배업 등에 원목을 많이 썼는데 최근에는 신재생 에너지 사용이 늘면서 목재 펠릿, 파티클 보드 분야의 원목 구입량이 늘었다. 우리의 목재 자급률은 10% 대를 벗어나지 못하기 때문에 가공하지 않은 원목을 주로 뉴질랜드나 미국에서 수입한다. 잘라 만든 제재목은 칠레산이 가장 많고, 러시아산이 뒤를 잇는다. 국산 목재의 품질이 아직 외국산에 비해 떨어지고 가격 경쟁력이 없어 목재를 수입하는 것이다.

이제는 금강소나무, 잣나무, 일본잎갈나무, 편백나무 등 목재용 숲이나, 옻나무, 단풍나무, 동백나무 등 가구나 특수 용도의 경제림을 조성하는 데도 관심을 가져야 한다.

한그린 목조관
경북 영주

© 박영채

통나무집에서
살아 볼까

요즘 우리나라에서는 나무로 만든 한옥이 인기가 많다. 미국과 일본에서도 80층 규모로 대형 목조 건물을 짓고 있다. 독일 함부르크에는 19층, 190가구의 세계 최고층 목조 아파트를 짓고 있다. 2017년 캐나다 밴쿠버에는 나무로 만든 18층짜리 브리티시컬럼비아 대학 기숙사가 들어섰다. 영국 케임브리지 대학은 높이 80층짜리 목조 아파트를 짓겠다고 발표했다. 오스트리아에는 24층짜리 목조 주상 복합 건물이 들어서고 있다. 일본에서는 지상 70층짜리 목조 빌딩 건축 계획이 나왔으며, 2020년 도쿄 올림픽의 주 경기장도 목재를 이용했다.

국내에서는 산림청 국립산림과학원이 경상북도 영주에 지은 5층짜리 '한그린 목조관'이 최고층 목조 건축물이다. 국내에서 나무 건축물은 법적으로 높이 18m까지만 지을 수 있으나 국토교통부와 규제 완화를 협의 중이라고 한다. 목조 건축물은 주로 바늘잎나무 목재로 만든다.

목재를 건축 자재로 사용하면 실내 환경이 쾌적해진다. 습도 조절 능력과 단열 성능이 뛰어나고 따뜻한 느낌 등이 좋다. 기후 변화에 관한 정부 간 패널IPCC에 따르면 기후 변화를 고려한 목조 건물의 적정 수명은 75년으로, 철근콘크리트(50년)보다 25년 더 길다. 나무를 건물 기둥재로 사용하면 100년 이상 탄소 배출을 줄이는 효과가 있다. 나무를 벤 곳에는 다시 나무를 심기 때문에 목재를 이용한 건축물은 환경과 자연 순환에도 좋다.

최근에는 여러 목재와 제지 제품이 KS인증을 받았다. 펠릿은 간벌 작업이나 산림 개간으로 버려지는 목재를 분쇄해 대추씨 크기의 알갱이 형태로 만든 난방 연료이다. 열량은 등유보다 높고 난방비는 등유의 절반 수준에 불과해 화석 연료를 대체할 자족 가능한 청정에너지로 주목받고 있다. 목탄은 바늘잎나무, 넓은잎나무, 대나무를 탄화시켜 제조한 에너지원으로, 화석 연료를 대체할 에너지이자 기후 친화적이고 지속 가능한 땔감이다. 바늘잎나무 등의 목재를 펄프로 만드는 과정에서는 섬유질과 별도로 추출되는 리그닌을 태워 종이 생산과 건조에 친환경 에너지로 사용하기도 한다.

한편 나무에서 얻기 때문에 좋은 친환경 연료처럼 보이는 목재 펠릿 등 바이오매스가 오히려 기후 변화를 부추길 수 있다는 주장도 있다. 유럽 국가들이 목재 펠릿을 연료로 쓰는 발전소를 너무 급격히 늘리고 있기 때문이다. 유럽에서 소비되는 목재 펠릿은 미국과 캐나다에서 주로 수입하는데, 대서양을 건너 목재를 운송할 때 많은 환경적 비용이 추가된다. 이에 더해 늘어난 수요를 채우려고 멀쩡한 나무를 베어 목재 펠릿을 만들 수 있다는 우려도 있다.

국립산림과학원은 바늘잎나무의 폼알데하이드 흡착 효과와 탄화보드의 암모니아 독성 제거, 전자파 차단 효과를 이용해 새집 증후군을 예방할 수 있는 나무 벽지도 개발했다. 소나무, 편백나무 등 바늘잎나무의 가루와 각종 자연 재료에 황토, 일라이트 등 기능성 광물질을 섞어 종이 위에 발라 생분해되는 친환경 바이오 벽지 역시 개발됐다.

나무로 만드는 나무를 지키는 종이,
종이컵

종이는 펄프나 폐지를 원료로 가공해 만든다. 펄프는 목재 등의 섬유 원료를 기계적 또는 화학적 방법 등을 이용해 얻는다. 소나무, 전나무, 일본잎갈나무 등의 바늘잎나무나 유칼립투스, 너도밤나무, 자작나무 등의 넓은잎나무에서 펄프를 얻는다.

　서기 105년 중국에서 채륜이 나무를 이용해 종이를 발명한 이래 펄프 생산량은 계속 늘어, 제지 산업은 해마다 3%씩 성장했다. 종이를 만드는 데 1초마다 축구장만 한 숲이 사라지며, 표백 과정에서 다이옥신이 발생해 펄프 산업은 대기와 수질을 오염시킨다. 그러나 우리는 종이를 쓰고 있다. 최근에는 우뭇가사리로 펄프를 양산하는 기술이 개발됐다. 홍조류 바다 식물에 들어 있는 섬유질인 엔도파이버 endofiber를 추출해서 펄프를 만드는데, 목재 펄프에 비해 가늘고 섬유 두께가 균등해서 매우 질이 좋은 고급 종이를 만들 수 있다. 바다 식물을 이용한 새로운 기술이 바늘잎나무를 구하고 환경도 살릴지 두고 볼 일이다.

종이컵은 길어야 30분 사용하지만, 썩어 사라지는 데 얼마나 걸릴지 알 수 없다. 우리나라에서 일회용 컵의 재활용 비율은 1% 정도다. 종이컵 소비가 늘 때마다 바늘잎나무를 베어야 한다. 종이컵을 만드는 종이는 일반 종이보다 더 질기고 튼튼해야 하므로 바늘잎나무로 만든 천연 펄프를 사용한다. 추운 지역에서 자라는 바늘잎나무는 넓은잎나무보다 천천히 자라 나무 조직이 치밀해 쉽게 찢어지지 않고 질기다. 최고급 천연 펄프는 일반 펄프보다 60% 정도 비싸며, 스웨덴, 핀란드, 독일, 미국 등에서 생산한다.

종이컵으로 사용되는 종이는 음료가 새는 것을 막으려고 저밀도 폴리에틸렌LDPE으로 코팅한다. 코팅된 종이컵을 재생하려면 차염소산나트륨NaClO이라는 화학 물질을 사용하는데, 이 물질이 수질에 부담을 준다. 이런 문제를 줄인 에코 종이컵이 생산되기는 하지만 매우 드물다.

사용한 종이컵으로는 두루마리 화장지나 종이 수건을 만든다. 12온스짜리 컵 7개로 두 겹의 35m 두루마리 화장지 하나를 만든다. 종이와 종이컵을 쓰면 쓸수록 숲은 사라지고 재생할 때 수질이 오염되므로 수요를 줄이는 것이 나무와 숲을 지키는 근본적인 해결책이다.

그린피스에서 2020년 발표한 보고서 《일회용의 유혹, 플라스틱 대한민국》에 따르면 한국에서 1년간 버려지는 플라스틱 컵은 33억 개, 페트병은 49억 개, 비닐봉지는 235억 개다. 이 플라스틱 컵을 한 줄로 세우면 지구와 달 사이의 거리를 채울 수 있다. 2015년 기준 우리나라 일회용 종이컵 소비량은 257억 개로, 커피전문점과 패스트푸드점이 늘면서 사용량이 증가하고 있다. 한때 일회용품 사용을 규제하면서 일회용 컵 사용이 줄어들기도 했으나, 코로나19로 머그잔 사용을 꺼리고 음료를 포장 주문하면서 플라스틱, 종이컵 사용량이 폭발적으로 늘었다.

종이컵 250개를 만들려면 소나무 한 그루가 필요하다. 나무 한 그루를 심을 수 없다면 종이컵, 플라스틱 컵 대신 텀블러나 개인 컵을 사용하는 것만으로도 우리는 1년에 15년생 소나무 한 그루를 살릴 수 있다.

종이 우유갑

우유갑, 휴지,
위생용품

두루마리 화장지에서 화장지를 희게 만드는 형광 증백제가 나와 문제가 됐다. 형광 증백제를 먹으면 장염 같은 소화기 질환이나 암을 유발할 수 있고, 오랜 시간 피부에 접촉하면 아토피, 발진 등 각종 피부염이 나타날 수 있다. 일부 두루마리 휴지에는 1군 발암 물질로 알려진 폼알데하이드가 들어 있다. 폼알데하이드는 국제암연구소IARC가 인체 발암 물질로 지정한 위험 성분으로, 휴지가 젖은 상태에서 쉽게 찢어지지 않도록 종이의 힘을 높이려고 첨가한다. 휴지를 고를 때 폼알데하이드와 형광 증백제 무첨가 표기가 있는 제품을 골라야 두통,

피부 발진, 호흡 곤란, 중추 신경 손상 등을 피할 수 있다. 화학 물질을 거부하는 '노케미No-chemi' 열풍도 확산되고 있다.

열대 우림을 파괴하고 탄소를 만드는 천연 펄프 대신 우유갑을 되살린 화장지를 사용하면 숲도 살리고 공기도 맑게 한다. 우유갑은 캐나다, 스웨덴 등에서 수입한 30년 이상 된, 조직이 촘촘하고 흡수력이 뛰어나며 질긴 최고급 바늘잎나무 천연 펄프로 만들지만, 20~30%만이 수거된다. 천연 펄프로 만들기 때문에 피부염을 일으키는 형광 물질, 폼알데하이드 등 유해 성분이 필요 없고, 향이나 잉크를 쓰지 않아 피부가 민감한 아이가 사용해도 안전하다. 또한 식품용으로 만들기 때문에 화학 약품으로 표백하지 않고도 친환경적으로 펄프를 만들 수 있다. 분리수거해서 재활용하는 것만으로도 숲을 지킬 수 있고, 기후 변화, 미세먼지, 코로나19까지 멀리 보낼 수 있으니 일석삼조다.

200㎜ 우유갑 537개를 재활용하면 4kg의 펄프, 나무 12분의 1그루를 살린다. 200㎜ 우유갑 107개면 1kg의 펄프, 30년생 침엽수 60분의 1그루를 구한다. 우유갑을 재활용한 키친타월은 탄성력과 흡수력이 뛰어난 이중 파워 엠보싱이 적용돼 물과 기름기 흡수가 뛰어나다. 이중 파워 엠보싱은 질긴 바늘잎나무 펄프를 사용하므로 가능한 공법이다.

해도면海島綿, sea island cotton은 세계에서 가장 품질 좋은 목화木花로, 서인도제도 바하마가 원산지이며 미국 조지아주와 캐롤라이나주 해안 지대에서 재배된다. 최근 해도면과 바늘잎나무 펄프로 만들어 안전성을 높인 여성용품인 슬림 패드가 시장에 등장했다. 반려동물 상품으로는 바늘잎나무에서 추출해 낸 피톤치드 성분으로 악취를 억제하는 항균 소취 매트까지 등장했다.

커피 한 잔을 마시고 버리는 컵 때문에 나무 한 그루가 잘려 나가면서 지구의 허파인 숲이 파괴된다. 카페 등 밖에서 음료를 주문할 때 종이컵 대신 개인 컵을 사용하면 타이가의 바늘잎나무를 구할 수 있다. 바늘잎나무로 만든 천연 펄프 우유갑 재생지는 버리면 쓰레기지만 재활용하면 좋은 화장지로 변신한다. 소비자가 친환경 상품을 선택하면 생산자와 공급자는 따를 수밖에 없다. 소비자가 변하면 이에 부응한 기업이 건실하게 성장해 사회에 공헌하면서 공생하는 사례를 우리가 다시 만들 수 있다.

바늘잎나무가 살균제, 군사 작전, 타이어에도

바늘잎나무가 내뿜는 피톤치드는 나무가 해충, 병균, 곰팡이에 맞서기 위해 분비하는 방향성 항균 물질로, 면역력을 높여 주고 마음을 안정시켜 스트레스를 감소해 주는 효과가 있다. 바늘잎나무는 넓은잎나무에 비해 2배 정도 많은 피톤치드를 생산하고, 바늘잎나무 중에서도 특히 편백나무가 피톤치드를 많이 생산한다.

　나무를 태워 만든 목초액木醋液, pyroligneous liquor은 바늘잎나무, 넓은잎나무가 탄화할 때 발생하는 연기를 냉각해 얻는다. 농약 대신 이용하며, 가축 분뇨 냄새나 악취를 제거하거나 사료로도 사용한다. 의약품 원료, 원예, 버섯 재배, 건강 음료, 탈취제 등 코로나19 시대에 필요한 제품으로 쓸모가 많다.

바늘잎나무를 활용하면 국방에도 도움을 준다. 군복은 흙, 바늘잎나무, 수풀, 나무줄기, 목탄 등 5가지 색상과 화강암 무늬를 디지털화해 제작한다. 바늘잎나무는 우리 산에서 볼 수 있는 대표적인 식생으로 위장하기에 가장 적합한 군복 무늬다. 야전에서 생존 훈련을 할 때 바늘잎나무 송진이 엉긴 소나무 가지나 관솔로 불을 피우기도 한다. 불을 피워야 할 때 바늘잎나무 숲 아래에서 불을 피우면 연기가 곧바로 퍼지는 것을 막아 노출을 막을 수 있다. 비를 피할 때도 바늘잎나무 숲이 유리하다. 잎 면적은 좁지만 수가 더 많아 넓은잎나무보다 비를 많이 막아 준다. 숲에 있는 바늘잎나무의 특성을 알면 군사 작전이나 야외 활동에 활용할 수 있다.

야외에서 나무로 모닥불을 피우거나 난로를 사용할 때는 수직으로 결이 자라 가늘게 쪼개기 쉬운 가문비나무와 사시나무가 불쏘시개로 좋다. 그러나 기름 성분이 있는 바늘잎나무는 불꽃에서 불똥이 튀면서 산불이나 화재를 낼 수 있기 때문에 땔감으로 적합하지 않다. 강원도 동해안 양양, 고성, 삼척 등 솔밭에서 나는 산불은 불씨가 산을 넘고 들판을 지나치고 강을 건너면서 큰 피해를 준다.

요즘 유행하는 전기 자동차는 화석 연료를 사용하는 내연 기관차에 비해 차체가 무겁고 초기 가속력이 뛰어나다. 그만큼 타이어가 받는 부담이 크기 때문에 전용 타이어가 필요하다. 국내 타이어 회사는 초

저소음으로 달릴 수 있도록 타이어 안쪽에 소리를 흡수하는 폴리우레탄 흡음제를 부착하고 특정 주파수의 소음을 줄이는 기술을 찾았다. 바로 바늘잎나무에서 뽑아낸 수지와 식물성 기름이 첨가된 화합물을 적용해 젖은 노면에서도 제동력이 좋은 타이어를 개발한 것이다.

바늘잎나무는 예나 지금이나 살아서나 죽어서나 여러 용도로 우리 생활과 가까이 있으며, 그 쓰임새가 갈수록 넓어지고 있다. 기술이 발달하면서 생활 전반에 쓸모가 많아지는 바늘잎나무의 미래는 우리의 관심과 노력에 달려 있다.

나무 한 그루
심어 볼까요

평생 쓰는 목재를 스스로 조달하려면 118그루 정도의 나무를 심어야 한다. 나무를 심을 때는 처음에는 촘촘하게 심는 것이 좋다. 소나무, 전나무 등 바늘잎나무는 1ha에 3천 그루 정도 심어야 나무들이 자라면서 서로 경쟁해 곧게 자란다. 나무들이 어느 정도 자라면 차츰 솎아내기를 해서 튼튼한 나무로 키운다. 잘 가꾼 숲에는 1ha에 100그루 정도를 남겨 키운다. 나무를 솎아내면 숲 안에 틈이 생기고, 그 공간에서 햇볕이 크고 작은 풀과 나무, 동물들을 키우며 더불어 살아간다. 그렇게 생물 다양성이 높은 건강한 숲이 된다.

숲의 명예의 전당
경기 포천 국립수목원

2015년 기준 우리나라 산에서 자라는 모든 나무의 재적을 이르는 1ha당 평균 임목 축적은 150㎥로, 경제개발협력기구의 평균값 125여㎥보다 많다. 이처럼 숲이 우거진 데에는 조선 말기의 혼란기와 일제 강점기의 산림 수탈, 6.25 전쟁에 의한 산림 파괴, 전후 산림 남벌 등의 역사와 민둥산에서 쏟은 정부, 국민, 기업의 노력이 있었다.

1961년 정부는 산림법을 새로 제정하고 나무를 몰래 베거나 허가보다 많이 베는 것을 금지하고, 화전민을 줄였다. 일반인의 입산 금지 등 법률을 만들고, 홍수와 가뭄 피해를 막기 위한 녹화 조림과 사방 사업도 전국적으로 시행했다. 오늘날 우리나라는 '민둥산의 기적'을 이루어 국토의 65%가 숲으로 뒤덮인, 제2차 세계 대전 이후 세계에서 가장 성공적인 산림녹화 국가로 손꼽힌다. 정부와 국민이 힘을 모아 꾸준히 나무를 심고 가꾸면서 숲을 보호한 노력의 결실이다. 헐벗은 산에 나무를 심는 데 기여한 현신규 박사, 김이만 할아버지, 임종국 선생, 박정희 대통령, 민병갈 원장, 최종현 회장 등 여섯 분들의 업적을 기억하기 위해 국립수목원 내에 숲의 명예의 전당을 만들었다.

식목일에 심은 나무도 시대에 따라 변했다. 1970년대까지는 황폐화된 산지에 빠르게 자라는 리기다소나무, 아까시나무, 오리나무 등을 심었다. 1990년대까지는 편백나무, 잣나무, 일본잎갈나무, 해송 등 목재 생산을 위한 바늘잎나무와 열매를 맺는 나무, 돈이 되는 나무 등을 많이 심었다.

산림청에서 발간한 《임업통계연보》에 따르면, 1985년 전체 산림의

50%에 달하던 바늘잎나무 숲은 2000년 42%, 2010년 41%, 2015년 39%(233만 9천ha)까지 줄었으나 여전히 높은 비율을 유지하고 있다. 환경부가 2012년 발표한 《한국의 생물 다양성 보고서》에 따르면 바늘잎나무인 소나무는 국내 삼림 면적의 23%를 차지해 단일 수종으로는 가장 넓은 면적에 분포한다. 그러나 30년 동안 소나무, 잣나무, 리기다소나무 등 바늘잎나무를 주로 심으면서 숲이 병충해, 산불, 태풍, 산사태 등에 취약해졌다는 비판도 있다.

최근에는 물 저장 능력을 높이고, 아름다운 숲을 만드는 것으로 조림 방향이 바뀌었다. 온난화 현상으로 나무 심는 시기가 빨라지고 있고, 소나무와 잣나무 등 바늘잎나무보다는 이산화탄소를 많이 흡수하는 백합나무와 자작나무, 물푸레나무, 상수리나무, 느티나무 등과 같은 넓은잎나무를 많이 심는다.

나무를 심을 때에는 밀집되게 심어 먼지가 날아가지 못하게 숲에 묶어두고, 확산을 차단해 쾌적한 생활 환경을 만들어야 주민들이 건강해진다. 기후 변화와 병해충에 견딜 수 있는 건강한 숲을 만들려면 한 가지 나무로 된 단순림보다는 여러 나무들이 섞여 자라는 혼합림 또는 혼효림이 바람직하다.

숲을 조성할 때에는 지역 특성에 맞는 나무를 선택해 심는 것이 중요하다. 비가 적은 봄, 높은 기온의 여름, 가을의 수질 관리를 하려면 하천 상류에는 바늘잎나무로만 된 숲보다는 넓은잎나무를 섞어 숲을 조성하는 것이 좋다. 미세먼지 등이 많은 곳은 화백나무, 편백나무, 가문비나무 등 잎이 촘촘히 자라는 늘푸른바늘잎나무가 적당하고, 바다에 가까운 공업 단지에는 늘푸른바늘잎나무인 곰솔과 함께 광나무, 후박나무 등이 알맞다.

숲을 만드는 것은 현재를 사는 우리에게도 도움을 주지만 미래 세대를 위한 투자이기도 하다. 마을, 자투리땅, 공원, 학교, 회사, 하천, 쓰레기 매립지, 가로수 등에 어울리는 나무와 풀을 섞어 심어 생명 다양성이 높은 녹색 공간을 늘려야 한다. 숲과 숲을 이어 주는 생태 통로와 생태 축을 만들어야 한다. 나무를 심는 것은 예나 지금이나 그리고 앞으로도 가장 효과적인 자연과 사람에 대한 투자다. 내가 살고 있는 주변의 나무와 숲에 대해 관심을 가지고 가 보자. 먼저 바늘잎나무 숲으로 가자.

PART 5

생명을 살리는 바늘잎나무

나무와 숲은 오래전부터 인류에게 치유의 공간이었습니다. 20세기 초
까지 폐결핵을 치료하는 유일한 방법은 숲속에서 요양하는 것이었죠.
지금도 사람들은 숲에서 신선한 공기를 마시며 휴식을 취하는 삼림욕
을 즐기곤 합니다. 누구나 숲, 나무, 자연을 통해 심신을 다스리는 자연
치유 또는 에코 힐링(eco healing) 효과를 누립니다. 바늘잎나무 숲으로
가실까요?

건강하려면
바늘잎나무 숲으로 가자

숲 치유forest therapy란 숲의 여러 자연 환경 요소를 이용해 사람의 몸과 마음을 건강하게 만들어 주는 자연 요법이다. 독일, 일본 등에서 효능이 입증된 숲 치유는 스트레스, 우울증, 고혈압, 아토피, 피부염, 주의력 결핍 등의 증상을 줄여 준다. 독일은 숲을 질병 치료에 활용하는 것을 처음 인정한 나라로, 숲 치료에 의료 보험 혜택을 준다.

피톤치드, 음이온, 산소, 경관, 소리, 햇빛 등이 어우러진 숲은 사람의 몸과 마음을 안정시켜 준다. 바늘잎나무 숲이 만들어 내는 음이온은 감각 계통의 활동을 돕고 자율 신경을 조절해 긴장과 스트레스를 풀어 주며, 불면증을 없애 주고, 정신 집중 등 뇌 건강에 도움을 준다. 음이온은 혈액 내 면역 항체를 가진 혈액 단백질인 감마 글로불린을 증가시켜 혈액을 맑게 해 면역력이 높여 질병에 대한 저항성을 길러 주고 세포를 활성화시켜 노화를 막아 준다.

음이온은 물 분자가 공기와 마찰할 때 주로 만들어지므로 숲을 걷다가 물살이 빠른 개울가에 앉아 쉬면 음이온이 주는 건강 효과를 누릴 수 있다. 음이온은 도시보다 숲속에 14~73배 정도 많으며 넓은잎나무 숲보다 바늘잎나무 숲에 풍부하다.

숲길을 걸으면 혈액 내 콜레스테롤이 낮아지고, 폐와 심장에 자극을 주면서 기능을 높여 고혈압과 심장병 등 치명적인 질병의 예방과 치유에 좋다. 울창한 숲은 알레르기와 아토피 피부 질환을 줄여 준다. 숲이 주는 멘톨(박하뇌)이 피부나 점막에 접촉되면 시원한 느낌을 주며 기관지 강화와 신경 안정, 스트레스 해소 등에 효과가 있다.

바늘잎나무 숲에서
무엇을 할까

숲은 도시보다 공기 중 산소량이 2% 정도 많다. 숲속에서 공기를 들이마실 때 온몸이 상쾌해지고 피로를 덜 느끼는 것은 산소가 몸 속 세포에 충분히 공급되면서 신진대사가 활발해지기 때문이다. 산소가 많은 숲속을 걷거나 삼림욕을 하면 몸에 쌓이는 젖산도 빠르게 분해돼 배출되므로 도시에서 걸을 때보다 피로가 덜하다.

숲속 삼림욕에서 한 걸음 더 나아가 자연 속에서 옷을 가볍게 입고 바람을 쐬고 날숨과 들숨을 크게 마시며 활동하면 좋다. 바늘잎나무는 넓은잎나무들보다 피톤치드 생산량이 많으므로 바늘잎나무 숲 아래에 머무는 것이 바람직하다. 숲속에서 조건이 되면 나무 아래에서 신선한 바람을 맞으며 몸을 드러내고 풍욕風浴을 즐기는 사람도 있다. 풍욕을 하면 피부 호흡을 통해 모공으로 산소가 들어가서 에너지 대사를 촉진시키고, 체내 노폐물이나 독소를 배출해 준다. 그러나 야외에서 노출이 뒤따르는 풍욕을 일반적인 치유 목적으로 우리 사회에 도입하려면 사회적인 합의가 필요하다.

숲이 주는 혜택을 누리면서 숲속에 더욱 오래 머물고 싶으면 숲과 자연을 관찰하는 눈을 기르는 것도 방법이다. 안타까운 것은 학교 등 제도권에 자연을 현장에서 학습하는 프로그램이 부족하다는 점이다. 복지 차원에서 관련 프로그램을 개발하는데 지자체, 교육계, 언론계, 시민 사회와 협력과 투자가 필요하다.

자연은 로마 신화에 나오는 두 얼굴을 가진 신 야누스Janus와 같아서 좋은 나무도 때로는 건강에 부담을 주거나 부작용을 일으키기도 한다. 봄에는 소나무, 전나무, 삼나무 꽃가루가 바람에 날린다. 꽃가루 농도가 높아지고 미세먼지가 많아지면 알레르기가 있는 사람들은 콧물, 코 막힘, 재채기 등 비염 증상으로 고통받는다. 꽃가루, 미세먼지에 민감하게 반응하는 체질이라면 외출을 삼가고, 나갈 때에는 마스크, 고글, 음료수 등을 준비해야 한다. 집에 돌아오면 머리나 몸에도 꽃가루가 묻어 있으므로 바로 씻어야 한다.

숲이 스트레스를 해소해 주고 우울증, 고혈압, 아토피 피부염, 주의력 결핍, 화병 등 정신뿐만 아니라 신체 질환에 효과가 있는 것으로 알려지면서 숲을 찾는 힐링 여행이 인기다. 숲 치유 여행은 숲속에서 휴양하는 것에 그치지 않고 숲이 내뿜는 피톤치드와 같은 치료 물질을 이용해 몸과 마음을 치유하는 여행이다.

숲은 뇌파 가운데 가장 안정적인 상태일 때 나타나는 알파α파를 늘려 피로를 풀어 주고 집중력과 기억력, 창의력을 높여 준다. 수도자, 예술가, 철학자 등이 숲을 산책하면서 사색하고 창작할 수 있었던 것도 숲이 준 선물이다. 바늘잎나무가 주는 혜택은 신체적 효과에 그치지 않고 심리적, 정신적 편안함과 평정심을 갖게 하는 것이 크기 때문에 숲을 찾을수록 득이 된다.

식물의 무기
피톤치드

자연 휴양림이나 공원에 가면 피톤치드에 대한 설명문을 볼 수 있다. 피톤치드phytoncide는 '식물성 살균제'라는 뜻으로 삼림향森林香이라고 하며, 나무가 분비하는 특유의 휘발성 복합 화학 물질이다. '피톤phyton'은 '식물'이라는 뜻의 그리스어이며, '치드cide'는 '죽이다'라는 프랑스어에서 온 것으로, 1928년 러시아의 생화학자 토킨(Boris P. Tokin, 1900~1984)이 '식물이 내뿜는 휘발성 독성 물질'이란 의미로 쓰기 시작했다. 1952년 노벨 의학상을 받은 왁스먼(Selman A. Waksman, 1888~1973)에 따르면 피톤치드는 특정한 물질을 가리키는 말이 아니라 여러 가지 항균 물질을 모두 이르는 것으로, 피톤치드로 분류되는 물질은 5천

종이 넘는다. 테르펜, 페놀 화합물, 알칼로이드, 글리코사이드가 주성분이며, 송진이나 솔잎 향기는 테르펜으로 분류되는 알파-피넨$_{a\text{-}pinene}$ 등의 아이소프렌 유도체 때문이다.

편백나무 숲에서 느껴지는 향이 바로 피톤치드이다. 나무가 주위 포도상구균, 연쇄상구균, 디프테리아 따위의 미생물을 죽일 때 뿜는 휘발성 물질이며, 주성분인 테르펜은 휘발성이 있는 유기 화합물로 나뭇잎 기공을 통해 나온다. 향긋한 냄새를 풍기며, 세균, 곰팡이, 해충을 쫓고 자기 바로 옆에서 다른 식물이 자라지 못하도록 제어하는 약리적 효과가 있다. 테르펜이 피부에 닿으면 기분이 좋아지고 피로가 풀어진다.

소나무는 비염, 천식, 아토피와 같은 알레르기성 염증을 완화하는 데도 효과가 있는 피톤치드를 많이 만들어 긴장을 풀어 주고 피로 회복에도 도움을 준다. 피톤치드의 가장 대표적인 성분인 알파-피넨은 낮은 농도에서 진정 효과를 나타내고, 높은 농도에서는 깊은 잠을 잘 수 있게 해 준다.

바늘잎나무는 넓은잎나무보다 피톤치드와 음이온을 2배 이상 많이 발산하며, 여름에 나오는 피톤치드는 겨울에 비해 5~10배 많다. 송편을 찔 때 솔잎을 사용하는 것은 피톤치드가 풍부한 바늘잎나무 잎을 넣어 향긋한 솔잎 향이 배게 하고 송편이 상하는 것을 막는 생활 속 지혜였다. 편백나무와 소나무가 울창한 숲은 '힐링 숲'으로 불리며 삼림욕의 명소로 떠올랐다.

편백나무와
아토피

일본에서 들여온 편백나무는 잎이 작은 비늘처럼 생긴 늘푸른바늘잎 큰키나무로 온난하고 습기가 많은 곳에서 잘 자란다. 편백나무 숲이 잘 가꾸어져 삼림욕을 하기 좋은 곳은 전남 장성 축령산, 순천 선암사, 장흥 억불산, 고흥 외나로도, 전북 완주 공기마을, 경남 통영 미륵사 등이 대표적이다.

편백나무는 피톤치드를 많이 생산해 삼림욕과 아토피 치료에 이용되며, 스트레스 완화에도 효과가 있고, 줄기는 고급 건축 자재, 가지와 잎은 약재나 향료로 활용돼 경제성이 뛰어난 나무다. 국립산림과학원에 따르면 편백나무는 천식 치료 물질인 샤비넨sabinene을 많이 생산한다.

편백 숲에서 아토피 피부염이 가라앉는 것은 피톤치드가 알레르기 원인균을 막아 주기 때문이다. 행복 호르몬인 세로토닌serotonin이 분비되면서 기분도 좋아진다. 편백나무의 피톤치드 추출물은 박테리아, 곰팡이, 병균 등 각종 세균에 대한 항균 및 살균 작용이 뛰어나다. 특히 편백 정유(편백 오일)는 슈퍼 박테리아로 부르는 항생제 내성균에도 항균 효과가 있다.

피부나 호흡기를 통해 체내로 흡수된 피톤치드 분자들은 혈관으로 들어가 온몸으로 퍼져 비정상적인 세포들을 정상화시킨다. 특히 후각 신경을 통해 대뇌 신경계에 향기 정보가 전달돼 정신 건강에 도움을 준다. 편백나무 피톤치드는 독성이 없으므로 희석해 기체로 만들어 사용하기도 한다. 강한 향은 살균, 탈취, 피부 미용, 미백, 혈액 순환, 면역력 증대, 항산화 작용 등에 효능이 있다. 또 항스트레스 작용과 뇌파 안정 기능이 있어 뇌의 알파파를 높이고 베타파를 낮춰 기억력과 집중력을 높이는 데 좋고 학습 능력을 높여 주며 아토피 질환을 줄여 주는 효과도 있다. 편백나무를 가공해 만든 벽지는 새집 증후군을 줄여 주고, 피톤치드 물질이 포함된 섬유는 아토피를 일으키는 집먼지 진드기를 물리친다.

편백나무 목재는 소나무보다 1.5배 비싸지만 향이 짙을 뿐 아니라 재질이 단단하고 결이 고와서 인테리어용 목재, 책상과 침대 등 가구로 인기가 높다. 일본에서는 편백나무로 최고급 욕조를 만들며, 비누, 샴푸 같은 생활용품의 방향제로도 사용한다. 편백나무 잎에서 피톤치드를 뽑아내 상쾌한 향이 나는 편백잎 수액을 생산하기도 한다. 흔히 편백나무 목재로 지은 집, 베개, 도마, 장롱 등에서 피톤치드가 나온다고 하는데, 이는 목재에서 나는 향을 편백 숲에서 나는 피톤치드로 오해한 것이다. 현대인의 일상생활에 도움을 주는 편백나무에 대한 수요는 원산지와 관계없이 앞으로도 많아질 전망이다.

나무 아래서 목욕,
삼림욕

삼림욕森林浴, green shower, forest bath은 울창한 숲에서 나무 향내와 신선한 공기를 깊이 들이마시며 기분을 새롭게 하는 건강 요법이다. 자폐 증세가 있는 어린이나 우울증에 빠진 노인에게 자신감과 적극성을 갖게 해 준다. 고대 중국에서는 채기술採氣術이라고 했으며, 일본과 독일에서도 오래전부터 건강을 지키는 방법으로 알려졌다. 삼림욕이 우리나라에 소개된 것은 1980년대 초반이다.

　삼림욕 효과를 높이는 휘발성 물질은 나무 종류에 따라 차이가 나지만 넓은잎나무보다 편백나무, 소나무, 잣나무 등 바늘잎나무에서

잣나무 숲
강원도 설악산

많이 나온다.

편백나무는 단위 면적당 피톤치드를 가장 많이 내뿜는다. 휘발성 물질의 양은 액체화된 정유 양으로 측정한다. 소나무에서는 100g당 1.3㎖, 편백나무에서는 5.5㎖ 정도의 정유가 나와 편백나무 숲의 피톤치드 양과 농도는 으뜸이다.

삼림욕은 나무에서 발산되는 피톤치드를 활용해 유해한 병균을 죽이고 스트레스를 없애 심신을 순화하고 질병을 예방한다. 울창한 숲 속 계곡 물가의 풍부한 음이온은 우리 몸의 자율 신경을 조절하고 진정시키며 혈액 순환을 도와 현대병을 예방한다. 나무가 울창한 숲속을 천천히 산보하면서 신체 리듬을 회복하고, 산소 공급을 늘이고, 운동 신경을 단련하면 건강해진다.

삼림욕은 지형적으로 산 중턱, 숲 가장자리에서 100m 이상 들어간 곳에서 하는 것이 이상적이다. 바람이 강한 산자락이나 산꼭대기보다는 바람의 영향을 적게 받는 산 중턱에서 피톤치드의 효과가 높기 때문이다. 계곡에서는 흐르는 물 때문에 습도가 높아져 피톤치드의 양도 늘어난다.

숲이 만드는 피톤치드의 양은 봄부터 늘기 시작해 나무의 생육이 활발한 여름에 최대치에 이른다. 계절적으로는 5월~8월 사이에 많이 만들어지므로 여름철 삼림욕은 다른 계절보다 5~10배의 효과가 있다. 하루 중에는 기온이 최고로 올라갈 때와 해가 뜨는 오전 6시쯤 가장 활발하게 나온다. 따라서 삼림욕은 바람이 적은 날 피톤치드가 가득 퍼져 있는 오전 10~12시에 하는 것이 가장 알맞다. 3시간 정도 마음의 여유를 가지면서 천천히 걸을 때 효과도 두 배로 늘어난다.

삼림욕장에서는 평소보다 숨을 천천히 깊게 들이마시면 좋다. 공기 중에 있는 테르펜 물질이 피부와 만날 수 있도록 몸에 꼭 달라붙는 옷보다는 얇고 헐렁한 옷차림이 좋다. 땀 흡수가 잘 되는 면양말과 운동화를 신고, 나뭇가지에 찔리지 않도록 모자를 써야 한다. 짙은 화장이나 향수는 해충을 모이게 하므로 민얼굴로 삼림욕을 하는 것이 좋다. 나무에 등을 대고 부딪치면 척추를 따라 양옆으로 오장육부를 튼튼하게 하는 혈을 자극해 내장 기능이 튼튼해진다.

병을 숲에서 고치는
숲 치유

숲이 우거진 자연 휴양림은 만병을 고치는 '녹색 병원'이라고 부르기도 한다. 삼림 선진국으로 손꼽히는 독일은 이미 오래전부터 숲 교육이 국민의 삶 속으로 들어갔다. 유아기부터 자연스럽게 숲 생태 교육을 받고, 치료가 필요한 성인은 숲 요양 센터를 찾으며, 숲 치유 요양지가 370여 개에 이른다. 숲과 물을 통한 총체적 치유 시스템인 '크나이프Kneipp 요법'을 활용한 요양지도 60여 곳에 달한다. 스위스는 1968년부터 예방 의학적 차원에서 500여 개의 숲 단련길을 만들었다. 일본은 과학적 검증을 통해 생리적, 심리적 긴장 완화 효과가 있는 50여 개 정도의 산림을 삼림 테라피 기지forest therapy base로 지정해 운영한다.

우리 산림청도 인체 면역력을 높이고 건강을 증진하기 위해 삼림욕을 체험할 수 있는 다양한 프로그램을 운영한다. 자연 휴양림을 조성해 숲이 우거진 국유지에서 자연 교육을 하고, 등산과 삼림욕을 즐길 수 있도록 했다. 숲 치유 프로그램은 산림청 산하 국립자연휴양림과 한국산림복지진흥원 국립산림치유원, 국립숲체원, 국립치유의숲에서 체험할 수 있다. 운영자에 따라 국립자연휴양림, 지자체자연휴양림, 개인자연휴양림으로 나뉘며, 숲나들e 누리집(https://www.foresttrip.go.kr)에서 예약을 할 수 있다.

2016년 경북 영주에 우리나라 첫 국립산림치유원인 '다스림'이 문을 열었다. 이곳에서는 산림 치유 서비스, 산림 치유 관련 상품, 산림 치유 문화 등을 하나의 공간에서 누릴 수 있다. 산림 교육 프로그램과 산림 치유 프로그램을 운영하는 국립숲체원은 강원도 횡성, 대전, 전남 장성, 경북 칠곡, 청도에 있으며, 강원 춘천, 전남 나주에도 들어선다. 2008년부터는 숲 해설가들이 함께 하는 숲 유치원 프로그램을 도입했다.

국민에게 산림 복지 서비스를 제공하는 국립치유의숲은 양평(경기), 대관령(강원 강릉), 제천(충북), 예산(충남), 곡성(전남), 대운산(울산), 김천(경북), 유아숲체험원(세종), 국립하늘숲추모원(경기 양평) 등이 있다.

이 외에도 산림 치유 지도사가 산림 치유 프로그램을 시행하는 자연 휴양림 내 치유의 숲은 강원도 횡성 청태산, 경기도 양평 산음, 가평 잣향기푸른숲, 충북 영동 민주지산, 전남 장성 축령산, 장흥 억불산, 제주 서귀포시 시오름 등이 대표적이다.

홍릉 숲 반송

서울에
이런 숲이

서울 종묘 주변 숲은 도심에 있는 아름다운 숲이다. 돌담 밖에선 종묘
가 보이지 않고, 종묘에 모셔진 분들에게는 살아 있는 사람들의 속계
俗界가 보이지 않는다. 높이 20~30m에 이르는 갈참나무 숲이 사당을
둘러싸고 있는데, 이는 신이 된 왕들의 처소와 번잡한 속계를 구분하
는 울타리였다. 종묘 입구 연못에 심어진 늘푸른바늘잎나무인 향나무
는 조상께 늘 향을 올린다는 뜻으로 심은 상징적인 나무다.

　원래 종묘 주변 숲은 소나무와 잣나무 등이 자라는 늘푸른바늘잎나
무 숲이었다. 〈중종실록〉과 〈숙종실록〉에는 '종묘 담 안의 소나무가

화재로 불에 타 안신제安神祭를 지냈다', '종묘 안 소나무 80여 그루가 강한 바람에 넘어졌다'라는 기록이 있다. 임진왜란이 일어난 후에는 소나무가 부족해 종묘에서 소나무를 가져다 썼다고도 한다. 600년 세월이 흐르며 소나무 숲은 갈참나무 숲으로 바뀌었다. 빠르게 자라는 넓은잎나무가 바늘잎나무를 밀어내는 자연 천이의 결과다. 현재 종묘에는 100그루 정도의 소나무가 자란다.

서울시 동대문구 국립산림과학원에 자리한 홍릉 숲(홍릉수목원)은 1922년 임업 시험장으로 시작된 우리나라 최초의 수목원이다. 이곳에 명성황후 무덤인 홍릉이 있었기 때문에 홍릉수목원이라는 이름이 붙었다. 명성황후는 1897년에 묻혔다가 1919년 고종이 승하하자 경기 남양주로 이장됐다. 홍릉 숲은 1923년 함경남도 풍산에서 옮겨 심은 풍산가문비나무, 1935년 최초로 발견해 이름을 붙인 문배나무 기준표본목, 뿌리에서 여러 개의 가지가 나와 무성하게 자라는 소나무 품종인 반송Pinus densiflora form. multicaulis 등 역사적, 학술적 가치가 큰 나무들이 자라고 있는 산림 자원의 보물 창고다.

최근 어린이의 자연 생태 교육, 청년들의 레포츠와 취미, 중장년층의 건강에 대한 관심, 고령화 시대를 맞아 자연에서 힐링을 꿈꾸는 사람들이 늘면서 숲에 대한 관심도 늘고 있다. 숲은 후손들에게 건네주어야 할 건강한 자연 유산이자 국민 복지 수준을 높이는 미래 자산이다. 울창한 숲을 가진 나라치고 부강하지 않는 나라가 드문 것을 보면 숲을 조성하는 것에 그치지 않고 잘 가꾸고 이용하는 것은 국가의 성장 동력원이다.

지방 자치 단체들도 지역 특성에 맞는 숲과 길을 만들어 주민에게 서비스하고 지역 경제를 활성화시키려고 노력하고 있다. 숲을 교육, 휴식, 여가 활동, 치유, 생태계 서비스, 관광 자원으로 활용해 지역을 발전시킬 수 있다. 그러나 일부 지자체는 지역이 보유한 마을 숲과 삼림의 가치를 인식하지 못하고 차별화되지 않은 개발 계획을 수립해 효율성이 낮고, 구성원 사이에 갈등을 부추기기도 한다. 지역과 주민이 함께 발전하려면 정책 결정자와 주민 그리고 전문가의 협업이 필요하다.

전나무 가로수길
경기 포천 국립수목원

수도권에
이런 숲이

경기도 성남에 있는 유네스코 세계문화유산인 남한산성은 약 60ha 면적에 70~90년 된 소나무 1만 8천여 그루가 자라는 중부 지방 최대 소나무 군락지 중 하나다. 그런데 이 우량한 소나무림은 참나무류, 서어나무 등 넓은잎나무들과의 경쟁에서 밀리고 대기 오염 등으로 줄고 있다.

경기도 가평 잣향기수목원은 수도권에서 우람한 잣나무 숲길을 걸으며 숲을 체험할 수 있는 곳이고, 남양주 축령산도 잣나무가 많아 삼림욕하기에 좋다.

유네스코 생물권 보존 지역이자 세계문화유산인 광릉을 포함하고 있는 광릉 숲은 서울에서 약 39㎞ 떨어져 있으며, 죽엽산과 소리봉을 중심으로 경기도 남양주, 포천, 의정부에 걸쳐 전체 면적이 2,240ha에 달하는 아름다운 숲이다. 소리봉(해발 537m)을 중심으로 1,200ha에 천연림이 자란다. 가장 오래된 활엽수는 수령 200년의 졸참나무로 직경이 113㎝이고, 바늘잎나무로는 높이 41m, 직경 120㎝인 전나무가 가장 크다. 경기도 포천 국립수목원 안에 있는 전나무 길과 남양주와 의정부를 잇는 광릉수목원로는 아름드리 전나무 가로수길로 손꼽는다. 국립수목원 내 침엽수원 근처의 전나무 길은 아름답고 삼림욕까지 할 수 있는 숨은 명소다.

국립수목원 나들목이 있는 경기도 남양주 능내동에서 포천 직동리 산림생산기술연구소까지 약 2㎞ 거리에는 나이가 100년을 넘긴 전나무를 비롯해 잣나무, 소나무 등이 길가에 자란다. 경희대학교 광릉캠퍼스에서 생산기술연구소를 거쳐 국립수목원에 이르는 길가에 멋진 산책길을 새로 만들어 걷기에도 좋다. 다만 차량 통행이 많아지면서 말라 죽는 전나무가 많아져 안타까운 마음이 크다.

전나무는 대기 오염에 약하다. 따라서 대기 오염 피해가 적은 강원도 평창 월정사, 전북 부안 내소사 등 사찰 주변에 자리한 전나무 숲길이 아름답다.

아름다운 숲에서 자연을 즐기고 함께한 사람과 좋은 추억도 만들며 그곳에서만 살 수 있는 특산물을 찾는 것은 어떨까? 그야말로 도시 소비자도 지역 사회에도 도움이 되는 공생의 어울림이다.

대관령 특수 조림지

강원도 평창

국가산림문화자산 (대관령 특수조림지) 안내

● 지정번호 : 2014-0007
● 지 정 일 : 2014. 3. 20.
● 명   칭 : 대관령 특수조림지
● 소 재 지 : 강원도 평창군 대관령면 횡계리 산1-1
● GPS 좌표 : 37-41-6.171N 128-45-32.460E
● 소 유 자 : (국) 산림청

● 산림문화자산 지정내용

▶ 과거 산림을 개간하여 농경지로 활용하던 화전민촌이었으나, '68년 화전민 집단 이주계획에 따라 수년간 황폐화된 산림으로 방치되어 오다가 '75년 영동고속도로 개통으로 고속도로 주변 국토 녹화계획에 의거 '78년부터 11년간 지속적으로 특수조림 (전나무, 잣나무, 낙엽송 등)을 실행한 조림 성공지임.

▶ 기상 조건이 혹독한 지역에서 조림에 성공한 곳으로 국토녹화와 애림에 대한 의지를 보여주는 현장으로서 국가 산림문화자산으로 가치가 큰 곳임.

● 관리자 : 동부지방산림청장(강원도 강릉시 종합운동장길 57-14)
● 연락처 : 평창국유림관리소장(강원도 평창군 대화중앙2길 11-3)
  ☎ 033-330-4030

< 대관령 특수조림 초기 >

< 대관령 특수조림 현재 >

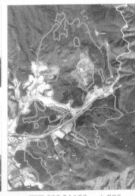
☐ 대관령 특수조림지   ★ 현위치

산림청
KOREA FOREST SERVICE

중부 지방의
이야기가 있는 숲길

요즘 걷기가 남녀노소를 가리지 않고 인기다. 전 세계에서 스페인 산티아고 순례길, 영국의 내셔널 트레일, 일본의 장거리 자연 보도 등이 대표적인 걷기 코스로 알려졌다. 국내에서도 제주 올레길이 대한민국 걷기 1번지로 자리 잡았고, 지리산 둘레길, 동해안 해파랑길, 서해안 마실길, 여수 금오도 비렁길 등도 찾는 이들이 많다.

최근 둘레길, 올레길, 숲길 걷기가 각광을 받으면서 산림청은 걷기 좋은 명품 숲 10곳을 발표했다. 이 명품 숲은 주변 경관과 생태적 가치가 우수한 대규모 국유림(50만~3,700만㎡)을 대상으로 선정했다. 선정된 10곳은 경기 양평 무왕리 일본잎갈나무 숲, 강원 홍천 가리산 잣나무 숲, 일본잎갈나무 숲, 평창 강릉 대관령 전나무 숲, 금강소나무 숲, 충북 음성 자작나무 숲, 백합나무 숲, 단양 대강면 죽령옛길 일본잎갈나무 숲, 잣나무 숲, 전북 무주 리기다소나무 숲, 독일가문비나무 숲, 전남 강진 서기산 삼나무 숲, 편백 숲, 리기테다소나무 숲, 경북 봉화 고선리 청옥산 물푸레나무 숲, 봉화 우구치리 일본잎갈나무 숲, 잣나무 숲, 울진 소광리 대왕금강소나무 숲 등으로, 바늘잎나무 숲이 대부분이다.

명품 숲 10곳을 체계적으로 관리해 지역별 산림 관광 명소로 키워 지역 경제 활성화의 거점으로 만든다는 계획이다. 명품 숲이 자리 잡으면 연간 30만 명이 국유림을 방문해 최소 300억 원의 경제 효과가 있을 것이라고 한다.

이 외에도 휴양·복지형 명품 숲으로 강원 인제 원대리 자작나무 숲, 보전·연구형 명품 숲으로 경기 포천 국립수목원 숲 등을 정했다.

최근 바늘잎나무가 어우러진 숲길을 찾는 발길이 잦다. 강원도 평창 대관령 길이 지나는 대관령 일대는 1960년대 후반에 경작지로 개간했지만 경작에 실패해 황무지로 방치됐다. 그 뒤 1975~1978년에 나무를 심고 강풍을 견디는 바람막이를 하는 등 특수한 조림 사업을 했다. 대관령 특수 조림지는 높은 산 바람이 센 곳에 나무를 심어 성공한 사례로 국내외적으로 인정받은 선진 견학지다. 지금은 100ha에 전나무, 잣나무, 일본잎갈나무, 주목 등 270ha의 바늘잎나무를 심어

탐방객에게 휴식처와 아름다운 경관을 선사한다.

강원도 평창 오대산 자락에 위치한 월정사 전나무 숲에는 평균 수령 80년이 넘는 거대한 전나무가 1,700그루가 넘는다. 전나무 바늘잎에서 상큼한 향이 뿜어져 나오고 피톤치드와 음이온이 숲길을 가득 채운다. 옆에는 계곡물이 흐르고 있어 시원한 물소리를 감상하며 거닐 수 있는 길이다.

경기도 포천 국립수목원과 전북 부안 내소사 전나무 길도 삼림욕을 하면서 산책하기에 좋은 길이다. 경기도 가평 남이섬 메타세쿼이아 길은 드라마 〈겨울연가〉 촬영지로 유명한데, 메타세쿼이아뿐만 아니라 은행나무와 잣나무 길도 아름다워 연인들뿐만 아니라 외국 관광객에게 인기 있는 관광 코스다.

사려니 숲길
제주

남부 지방의
이야기가 있는 숲길

충남 당진 버그내 순례길은 한국 최초의 사제인 김대건 신부 탄생지인 솔뫼 성지에서 신리 성지까지의 길로, 우리나라 천주교 역사상 가장 많은 신자와 순교자를 배출한 국내 최대의 성지를 지난다.

　충북 보은에 자리한 오리숲길과 세조길은 아름드리 넓은잎나무와 소나무를 비롯한 바늘잎나무가 터널을 이루는 멋진 길이다.

　전북 진안 진안고원길은 평균 고도가 300m로, 숲이 우거진 깊은 고원에 자리하는 걷기 좋은 길이다. 정읍 내장산 자락에 이어진 아름다운 걷기 길에는 단풍나무와 함께 난대성 늘푸른바늘잎나무인 비자나무가 자란다. 부안 내소사 일주문에서 절 경내까지 600여m의 전나무 숲길은 나이 150년에 높이 20m의 아름드리 전나무 500여 그루가 터널을 이룬다.

전남 담양에 위치한 담양오방길 1코스는 대나무 테마 공원으로 만들어진 죽녹원을 시작으로 영산강 제방을 따라 긴 세월 자리한 관방제림, 메타세쿼이아 가로수길까지 담양의 3색 숲을 만나는 길이다. 보성 녹차 밭 입구 삼나무길은 바람막이 숲으로 만들어졌고, 어느 통신사 광고에서 수녀가 자전거를 타고 가던 길로 유명세를 누렸다. 제주도 감귤밭은 삼나무가 방풍림을 이룬다.

경북 울진 금강송면에는 우리나라 최대의 금강소나무 군락지가 있다. 원래 이곳 지명은 울진군 서면이었는데, 금강소나무로 알려지면서 지명을 '금강송면'으로 바꿨다. 예천군 금당실 소나무 숲은 풍수지리적으로 뜻이 깊고, 석송령은 세금 내는 소나무로 유명하다.

경남 함양 목현리 개울가에는 나이 300살 정도의 줄기가 아홉 갈래로 나뉘어 자라 온 '구송'과 멋진 정자가 많다. 거창 당산리에 있는 당송은 나이가 600살 정도로 추정되며 곧게 솟아오른 기상이 으뜸인 소나무다. 양산 통도사 입구에는 아름드리 소나무가 줄지어 자라 사찰을 찾는 사람들의 마음을 다스려 주고 몸도 건강하게 해 주는 아름다운 숲길이다.

의령 성황리 마을 뒷산 중턱에 있는 소나무는 일제 강점기 때 두 그루가 맞닿자 일제로부터 해방됐다는 이야기를 품고 있다. 사천시 대곡리에 있는 소나무 숲은 170년 전쯤 비보 숲으로 만들었는데, 한국 전쟁 때 북한군이 숲 너머에 있는 마을을 그냥 지나칠 정도로 우거졌다. 합천 소리길은 가야산 국립 공원 아래 팔만대장경을 모신 해인사와 그 아래 홍류동 계곡을 따라 이어진다. 논두렁길과 소나무 숲길, 민가 사이로 난 작은 고샅길이 아기자기하다.

제주 조천읍 물찻오름 입구에서 사려니오름에 이르는 16㎞의 사려니 숲길은 유네스코가 지정한 제주 생물권 보존 지역이다. 사려니 숲길에는 산림 유전자원이면서 치유에 이용되는 소나무, 편백나무, 삼나무 등 늘푸른바늘잎나무와 함께 졸참나무, 서어나무, 단풍나무와 같은 잎지는넓은잎나무가 많다. 생의 숲길은 제주 봉개동 절물자연휴양림 내 삼나무 숲 사이에 난 걷기 좋은 흙길이다.

지역 특성에 맞는 나무들과 숲 그리고 경관을 활용한 숲길은 차별화되고 경쟁력이 있지만, 어디에서는 볼 수 있는 그런 길은 지속 가능하지 않아 도태되므로 지혜롭게 발전 전략을 세워야 한다.

대나무숲 울산 태화강 국가정원

도시 열섬 줄여 주는
소방관, 도시 숲

도심 온도가 주변보다 높은 것이 열섬heat island 현상이다. 열섬은 자동차 배기가스, 냉난방 기기, 공장을 가동하면서 만들어진 인공 열로 생긴다. 아스팔트, 콘크리트 등 도시적 토지 이용 면적이 넓어지고 숲이 사라지면서 지표 온도가 높아지고 열기가 오래 유지되면 열섬이 넓어지고 강해진다.

  나무는 이산화탄소를 흡수해 주변 열기도 내려 주면서 기온을 낮추므로 도시 숲에는 폭염이나 도심 열섬을 줄여 주는 기후 조절 기능이 있다. 도시 숲은 여름 한낮 온도가 도심보다 3~7도까지 낮고, 습도는 평균 9~23% 높다. 도시 숲은 열로 인한 피해를 예방하며, 미세먼지뿐 아니라 도심의 열섬 현상을 막는다. 1인당 생활권 도시 숲이 1㎡ 늘면 전국 평균 소비 전력량이 시간당 20kW 줄어들고 도시의 여름 한낮 온도를 1.15도 낮춰 준다.

열섬을 줄이는 데는 맨땅보다 잔디밭, 숲, 넓은잎나무, 바늘잎나무 순으로 효과가 있다. 단위 면적당 잎 면적이 넓은 바늘잎나무는 수분을 수증기로 바꿔서 공기로 배출하는 증산 활동을 통해 기온을 떨어뜨린다. 그 결과 바늘잎나무로 우거진 도시 숲의 기온은 숲 바깥보다 3도까지 낮다. 그러나 넓은잎나무의 재질은 바늘잎나무보다 2배 이상 치밀해 더 많은 이산화탄소를 흡수한다. 온실 기체의 60% 정도를 차지하는 이산화탄소를 효과적으로 줄이려면 소나무 숲보다 참나무 숲 등 넓은잎나무 숲을 조성하는 편이 효과적이다.

대구시에서는 나무 2,700만 그루를 심어서 기온을 1도 낮춘 것으로 알려졌다. 도심 자투리땅을 이용해 나무를 심거나 식물을 키우면 열섬 현상은 물론, 대기 오염까지 줄일 수 있다. 넓은 숲도 좋지만 도심 곳곳에 크고 작은 숲이 많은 것이 넓은 숲 하나 못지않은 효과를 낸다.

도시 숲은 미세먼지를 줄여 공기 질을 개선하고, 열섬 현상, 폭염, 소음 피해를 줄여 주며, 휴식하는 터전을 제공하고, 정서를 높이고, 도시 경관을 돋보이게 한다. 우리나라의 대표적인 공업 도시 울산은 태화강 주변에 대나무 숲을 잘 가꾸어 국가 정원으로 만들었다. 바늘잎

나무가 아니더라도 지역 특성에 맞는 숲은 경쟁력이 있다

자신과는 상관없다고 생각하고 개발이라는 이름 아래 도시 숲과 자연 녹지인 그린벨트가 사라지는 것에 무관심하기 쉽다. 숲이 사라지면 모두에게 큰 피해를 주는 '공유지의 비극'이 나타나고, 미세먼지가 많아지고 열섬 현상이 더욱 심각해지게 된다. 시민들이 도시에 나무를 심어 숲을 가꾸는 일에 관심을 가져야 하는 이유다.

숨 막히는
도시의 미세먼지

우리나라 성인 4천여 명을 대상으로 조사한 결과 사람들은 가장 불안한 위험 요소를 미세먼지 등과 같은 대기 오염이라고 답했다. 비슷한 숫자의 신혼부부 80% 역시 미래 세대를 위해 가장 시급한 환경 문제로 미세먼지 등 대기 오염을 꼽았다.

공중에 떠다니는 먼지는 크기에 따라 두 종류로 나누어지는데, 지름이 10㎚(나노미터, 1m의 100만 분의 1) 미만인 것을 미세먼지(PM10), 지름이 2.5㎚ 미만인 중금속, 화학 분진을 초미세먼지(PM2.5)로 나눈다.

미세먼지는 주로 자동차, 발전소, 보일러 등에서 연료를 태울 때 배출되며, 공사장, 도로에서 날리는 먼지도 포함된다. 미세먼지는 코나 기관지 점막에서 걸러지지 못하고 기관지를 지나 허파 꽈리에 가장 많이 달라붙기 때문에 건강에 매우 나쁘다. 감기, 천식, 기관지염 등의 호흡기 질환, 심혈관 질환과 심부전, 뇌졸중, 유방암, 결막염과 같은 눈 질환과 피부 질환 등을 부추긴다. 세계보건기구WHO 산하 국제암연구소IARC는 미세먼지를 폐암, 방광암을 일으키는 1급 발암 물질로 지정했다. 세계보건기구에 따르면 미세먼지 때문에 기대 수명보다 일찍 사망하는 사람이 한 해에 700만 명에 이른다.

초미세먼지는 호흡 기관에 직접적으로 영향을 끼칠 뿐 아니라 혈류를 타고 다니면서 피부와 눈, 심장, 뇌 등 각 장기에 영향을 미친다. 초미세먼지에 노출되면 학습 능력과 기억력이 떨어지고, 과도하게 노출되면 신경 세포가 많이 모여 있는 회백질이 차츰 위축돼 치매까지 일으킨다.

미세먼지 문제를 해결하려면 스스로가 피해자이기 이전에 원인 제공자 또는 가해자라고 생각해야 한다. 대중교통 이용, 건전한 소비 생활 등 개인적으로 할 수 있는 일을 먼저 실천해야 한다. 화력 발전소, 산업 시설, 자동차를 비롯한 내연 기관, 공사 현장, 농업, 음식점, 가정 등에서 발생을 줄여야 한다. 동시에 국경을 넘나드는 미세먼지를 줄이려면 중국, 몽골, 북한, 일본 등 주변국과 협력해 해결책을 찾아야 한다.

서울 마포 하늘공원

메타세쿼이아 숲

미세먼지를 줄여 주는
바늘잎나무 숲

숲에 있는 나무는 미세먼지를 흡수, 흡착, 침강, 차단한다. 흡수는 나뭇잎 기공으로 먼지가 흡수되는 것이고, 흡착은 나뭇잎에 먼지가 달라붙는 것, 침강은 숲 아래로 먼지가 가라앉는 것, 차단은 울창한 숲이 미세먼지의 이동을 막아 주는 것이다. 바늘잎나무의 좁은 잎은 전체 표면적이 넓은잎나무보다 넓고 잔털이나 송진 등이 있어서 미세먼지 흡착 효과가 크다.

국립산림과학원에 따르면, 1년에 한 그루의 넓은잎나무는 22g, 은행나무는 35.7g, 바늘잎나무는 44g의 미세먼지를 흡착한다. 나무 한 그루는 성인 네 명이 하루 24시간 숨 쉬는 데 필요한 양의 산소를 공급하며, 1ha의 도시 숲은 1년에 168kg의 미세먼지를 흡수한다.

미세먼지를 줄이는 효과는 잎 면적이 넓고 단위 면적당 기공 수가 많은 소나무, 잣나무, 곰솔, 주목, 편백나무, 가문비나무, 전나무, 구상나무, 분비나무, 측백나무, 눈향나무, 눈주목, 비자나무 등 늘푸른바늘잎나무와 느티나무, 느릅나무, 밤나무, 후박나무, 굴참나무, 두릅나무, 국수나무, 산철쭉 같은 넓은잎나무 등이 크다. 늘푸른바늘잎나무는 넓은잎나무보다 비 내린 뒤, 계절적으로 겨울과 이른봄에 미세먼지를 줄이는 데 효과적이다.

1ha의 숲은 1년에 168kg 정도의 미세먼지와 대기 오염 물질을 흡수해 대기를 깨끗하게 한다. 도심에 숲이 있으면 숲이 없을 때보다 미세먼지와 초미세먼지 농도가 각각 25.6%와 40.9% 정도로 낮다. 나무가 없는 도로에서는 공기 1ℓ에 분진이 1만~1만 2천 개이지만, 나무가 있으면 1천~3천 개로 크게 줄어든다. 산업 단지에서 나무는 먼지 농도를 12%, 먼지 '나쁨 일수'를 31% 정도 줄여 주므로 산업 단지에 조성된 완충 숲은 미세먼지를 줄이는 데 효과적이다.

나무를 심어 미세먼지의 확산을 막으려면 1만㎡당 1,800그루 정도로 차단 숲을 만들어야 한다. 미세먼지 흡수 기능을 높이려면 1만㎡당 800~1천 그루가 적당하고, 신선한 공기를 도심으로 유도하는 바람 길 숲을 만들려면 500그루의 나무를 심는 것이 좋다.

서울 양재천 옆길에 가로수로 심은 잎지는바늘잎나무 메타세쿼이아는 외래종이지만 삭막한 도시에서 미세먼지를 줄여 주고, 소음을 막고, 경관을 살려 주면서 시민의 사랑을 받는다.

도시에서는 먼저 인공 포장재인 아스팔트와 콘크리트를 걷어내고 크고 작은 숲으로 녹색 공간을 늘리는 일이 첫 번째 할 일이다. 한 가지 나무만 심은 단순한 가로수 대신 풀, 키 작은 관목, 큰 키의 교목을 심어 여러 층으로 만들어 온도를 내리고, 소음을 줄이고, 미세먼지를 흡수하면서 곤충과 새가 사는 작은 생태계인 비오톱biotope을 만들고, 서로 이어 주어야 한다. 도시 숲과 가로수를 콘크리트와 아스팔트로 격리된 고립된 섬이 아닌 서로 연결되는 생명 띠로 만들어야 한다. 도시에 있는 크고 작은 쌈지 숲, 공원, 가로수, 물길과 산이 거미줄처럼 이어진 생태 축을 만들어 살아 있는 도시 생태계 네트워크를 조성해야 한다. 점, 선, 면으로 이어지는 녹지대를 도시 내 물줄기, 산줄기와 연결한 바람길 숲 등을 만들면 기온을 낮추고, 습도를 높이고, 소음과 미세먼지를 줄이고 정체되는 것을 막아 공기를 맑게 할 수 있다.

도시 숲
서울 남산

미세먼지
해결사

봄철 한때 황사로 고통받는 것도 힘든데 요즘은 미세먼지로 인한 불편함이 일상이 되고 있다. 미세먼지 문제를 해결하려면 발생원을 없애는 것이 우선인데, 현실은 말처럼 쉽지 않다. 요즘에는 나무를 심어 숲을 만들어 미세먼지를 줄이려는 시도가 이어지고 있다. 이에 더해 코로나19와 같은 전염병이 창궐하면서 밀폐된 실내 공간을 피해 숲을 찾는 사람들이 크게 늘면서 숲에 대한 요구가 폭발적으로 커지고 있다. 나무가 우거진 숲이 안전한 피난처, 편안한 쉼터 구실을 하게 된 것이다.

국립산림과학원에 따르면, 도시 숲 중심부의 초미세먼지 농도는 도심에 비해 40% 이상 낮았고, 미세먼지 농도 역시 4분의 1가량 적었다. 미세하고 복잡한 표면을 가진 나뭇잎이 미세먼지를 흡착, 흡수하고, 가지와 나무줄기가 가라앉는 미세먼지를 차단하기 때문이다. 특히 바늘잎나무는 미세먼지를 잡아들이는 능력이 넓은잎나무보다 30% 정도 더 뛰어나 미세먼지 필터와 같은 기능을 한다.

미세먼지를 막아 주는 숲은 산업 단지에서 배출되는 대기 오염 물질이 주변 지역으로 확산되지 못하도록 하며, 수종으로는 늘푸른바늘잎나무가 효과적이다. 경기도 시화국가산업단지와 주택지 사이에 완충 녹지를 만들자 주변 미세먼지 농도가 낮아졌다. 도시 숲이 조성되기 전(2000~2005년)에는 인근 주택지의 미세먼지 농도가 산업단지보다 9% 높았으나 도시 숲을 만든 뒤(2013~2017년)에는 주택지의 미세먼지 농도(53.7㎍/㎥)가 산업 단지(59.9㎍/㎥)보다 12% 낮아졌다. 산업 단지 주변에 도시 숲을 만들면서 먼지 농도는 12%, 나쁨 일수는 31% 낮추는 효과가 있었다.

숲의 나무 밀도를 높이고, 늘푸른바늘잎나무를 더 많이 심고, 도심에 가로수를 서로 다른 크기로 두 줄 이상 심으면 미세먼지를 줄이는 효과가 커진다. 도시 숲에는 크기가 다른 여러 종류의 바늘잎나무와 넓은잎나무를 엇갈려 섞어 심으면 효과적으로 미세먼지를 줄일 수 있다.

서울 남산, 북한산, 관악산, 대모산의 숲은 도시로 유입하는 미세먼지를 잡아 신선한 공기를 공급해 줄 뿐만 아니라 여름철 나무의 증산 작용으로 3~7도 낮은 시원한 바람을 내려보내 도시의 열을 식혀 주는 허파와 같은 역할을 한다.

서울 주변 그린벨트를 해제하면 지표면 특성이 바뀌어 열섬 현상이 잦아지고 미세먼지가 늘어 대기 환경을 나쁘게 하고 생물 다양성과 생태계에도 부담이 되고, 결국 사람들에게도 피해를 주게 된다.

자연 속
공기 청정기

나무와 숲은 대기를 정화하는 능력이 뛰어나다. 국립산림과학원에 따르면 나무 한 그루는 하루에 이산화탄소 1.7~3.3㎏을 흡수하고 1.2~2.4㎏의 산소를 내준다. 사람 두세 명이 내뿜는 이산화탄소를 흡수하고 호흡할 수 있는 산소량이다. 높이 8m, 가슴 높이 지름이 25㎝ 정도인 느티나무 한 그루는 2.5톤의 이산화탄소를 흡수하고 1.8톤의 산소를 방출한다. 바늘잎나무 가운데 대기 오염 물질을 흡수하는 능력은 소나무, 잣나무 등이 높다.

숲이 울창한 산의 오존 농도가 도시보다 높게 나타나 과학자들이 놀랐는데, 원인은 바늘잎나무 숲이었다. 바늘잎나무는 자연 상태에서 휘발성 유기 화합물을 배출하는데, 이 물질이 주변 공기와 결합해 오존으로 바뀌는 것이다. 그러나 산속 오존 농도가 짙더라도 인체에는 영향이 거의 없으므로 등산이나 산림욕 등을 걱정할 정도는 아니다.

포항제철은 축구장 12개 크기, 전체 면적의 4분의 1에 해당하는 220만㎡에 늘푸른넓은잎나무와 늘푸른바늘잎나무 숲을 조성해 발생하는 열기와 먼지를 막고, 대기를 정화해 숲속의 친환경 제철소를 꿈꾸고 있다. 농협은 친환경 축산업을 위해 축사 주변에 악취를 줄여 주는 측백나무, 편백나무 등 늘푸른바늘잎나무와 늘푸른넓은잎나무인 사철나무 등을 심어 외부 경관을 개선하고, 악취를 막고, 공기를 정화하며, 병해충과 곰팡이에 대한 저항 효과를 높이려 한다.

도시 주변 산에서 내려오는 바람을 숲길을 통해 도심으로 끌어오고, 산업 단지 주변에도 숲을 만들면 대기 오염 물질이 확산되는 것을 막을 수 있다. 바람길 숲과 미세먼지 차단 숲은 폭염, 미세먼지 피해를 줄일 뿐만 아니라 야생 동물의 이동 통로가 되어 생물 다양성을 높이고, 시민에게는 편안한 휴식처가 된다. 맑은 공기를 만드는 바람 생성 숲을 만들어 산바람을 도시로 이끌고, 도심 공원과 건물 옥상 등에는 바람 디딤 숲을 만들어 산바람이 머물도록 해야 한다. 바람 생성 숲과 바람 디딤 숲 사이에는 가로수 숲, 하천 숲, 띠로 된 녹지 그리고 선형 숲 등 일종의 통로 역할을 할 바람 연결 숲을 만든다. 이를 통해 산바람이 도심까지 오면 그 혜택은 고스란히 시민에게 온다.

서울
청계천

도시를 살리는
바람길

원래 숲이 있던 자리에 나무를 베고 고층 건물이 빼곡하게 들어서면
서 도시 내부와 바깥 사이에 바람이 통하지 않게 됐다. 건물과 차량이
내뿜는 열기로 도심 기온이 주변보다 올라가는 열섬 현상과 밤에도
외부 온도가 25도 이상으로 올라가 무더위로 잠을 설치게 하는 열대
야熱帶夜 현상이 늘고 있다.

바람길wind corridor은 대기 오염으로 악명 높았던 공업 도시 독일 슈
투트가르트가 세계 최초로 도입한 프로젝트다. 공기 댐 역할을 하는
큰 숲을 만들어 도시 외부의 바람을 도심으로 끌어들이는 것이다. 건

물을 지을 때 바람이 통하도록 도시를 설계하고, 하천, 산골짜기 등을 잇는 길을 따라 찬바람을 도시로 끌어들인다. 도시 내부의 오염된 공기를 밖으로 밀어내는 역할도 한다.

도시에 찬바람을 공급하기 위한 계획인 덴마크 코펜하겐의 '핑거 플랜finger plan'은 하나의 도시 숲에서 손가락 모양의 여러 방향으로 바람을 불어넣어 주는 것이다. 손바닥에서 바람 숲을 만들고 손가락으로 찬바람이 전달되면서 대기 오염을 줄이는 '그린 인프라' 조성이다. 바람길을 만들기 위한 도시 숲은 찬바람을 만들어 낼 정도로 커야 한다. 원래 있던 도시 숲을 이용할 때는 숲 밀도를 높이고 나무 높이를 여러 층으로 만들어 바람길을 만들어야 한다.

바람길을 만들려면 먼저 공기가 순환될 수 있도록 건물 높이와 공간 배치를 제한해야 한다. 그리고 주요 지점마다 숲을 만들어 도시를 둘러싼 숲으로부터 바람길을 통해 맑고 차가운 공기가 도심으로 흐르도록 한다. 그러면 대기 오염을 줄이고 열기를 조절해 생물들이 살 수 있는 생태 도시를 만들 수 있다. 콘크리트로 덮어 자동차가 다니던 서울 청계천을 복원해 바람길 기능을 하자 주변 온도가 최대 3.6도 정도 내려갔다.

도시 온도가 높아 '대프리카'라는 별명을 갖게 된 대구시는 담장을 없애고 대신 나무를 심고, 도심 곳곳에 도시 숲을 만들었다. 무더운 여름에 도심지 내로 깨끗하고 시원한 산바람이 내려와 지나갈 수 있도록 도시 바람길 숲도 이어 줘 도시 온도를 낮추었다. 강원도 춘천, 경기 평택, 충남 천안, 전북 전주, 경남 창원 등이 도시에 바람길을 만드는 사업에 동참했다.

도시에서는 한 줄로 심은 가로수보다는 여러 줄의 터널형 가로수 숲길을 만들어 도심 주변 숲과 연결하면 산에서 만들어진 찬바람을 끌어오는 데 효과적이다. 비싼 도시 땅에 숲과 공원을 만드는 것은 쉽지 않다. 더구나 정부가 민간이 보유한 토지를 공원 구역으로 지정한 뒤 일정 기간 사업을 진행하지 못하면 효력이 사라지는 공원일몰제公園日沒制가 현실이 되면서 그나마 있는 숲도 사라질 수 있다는 우려가 크다. 한편 민간 기업이 보유한 녹지의 70%를 공원으로 조성해 지자체에 기부 채납하면 나머지 30%는 주거, 상업 시설을 지을 수 있는 장려책도 있다. 코로나19 시대에 공공성이 있는 숲과 공원을 늘리는 것은 미룰 수 없는 과제다.

메타세쿼이아 길
서울 양재천

가로수 길
인천 부평

가로수를
누비며

기원전 14세기경 이집트에서는 무화과나무를, 기원전 5세기경 그리스에서는 플라타너스를 길가에 심었을 정도로 가로수의 역사는 오래됐다. 고대 중동 지방에서는 열매가 열리는 유실수를 가로수로 심어 가난한 사람이나 나그네들이 따서 먹을 수 있도록 했다. 중국에서는 진시황 때 소나무를, 당나라 때 복숭아나무와 버드나무를 가로수로 심었다. 우리나라에서는 조선 고종 2년1866에 '도로 양옆에 나무를 심으라'라는 왕명에 따라 처음 가로수를 심은 것으로 알려졌다.

시대에 따라 가로수로 심는 나무도 점차 바뀌었다. 본격적으로 가로수를 심은 1970년대에는 플라타너스 등 외래 수종을 주로 심었다. 1980년 말 기준으로 서울시 가로수는 플라타너스(38%), 수양버들(27%), 은행나무(14%) 순이었다. 플라타너스는 잎이 무성해 그늘을 만들고, 소음을 줄여 주고, 대기를 맑게 해 준다. 봄이면 하얗게 홀씨를 흩날리던 수양버들은 알레르기를 일으켜 점차 퇴출되고 있다. 1980년대에는 회화나무, 은행나무 등 국내 수종으로 바뀌었고, 1990년대 들어 느티나무, 단풍나무 등이 인기였고, 2000년대에는 느티나무, 이팝나무를 많이 심었다. 2010년쯤 서울의 가로수는 은행나무(41%)와 플라타너스(29%)로 바뀌었다.

우리나라에서 가장 잘 알려진 '명품 가로수 길'에는 충북 청주 플라타너스 길, 전북 전주에서 익산 사이의 100리 벚꽃 길, 대구 동대구에는 히말라야가 원산지로 온난한 곳에 자라는 늘푸른바늘잎나무인 히말라야시다Cedrus deodara 길 등이 있다. 강원도 강릉 소나무 길, 태백 자작나무 길, 충남 아산의 은행나무 거리, 대전의 이팝나무 길, 충북 영동의 감나무 거리, 경남 하동 쌍계사 벚꽃길 등은 잘 알려진 가로수 길이다. 외래 수종인 메타세쿼이아가 자라는 서울 홍릉 숲, 양재천, 경기도 포천 국립수목원, 가평 남이섬, 충남 태안 천리포수목원, 전북 순창, 전남 담양, 울산대공원 등의 메타세쿼이아 가로수 길은 휴식과 관광 명소가 되었다.

도시 내부에 숲이나 녹지를 갖고 싶어 하지만 정작 나무가 많아지면 불편한 점도 있다. 소나무가 늘어나자 봄에는 송홧가루로 불편이 크고, 여름에 넓은 그늘을 만들지 못하며, 겨울에도 바늘잎으로 생기는 그늘 때문에 눈이 얼음으로 되면서 통행에 불편하다는 민원이 있다. 그럼에도 서울 중구, 강북구, 강원도 강릉, 전북 고창, 충남 부여 등 여러 지자체에서 경쟁적으로 가로수로 심는 나무가 소나무다. 소나무는 공해에 약하고 생장 속도도 느리며 바늘잎나무라 그늘을 제대로 만들 수 없다는 단점이 있으나, 사철 푸르며 우리 고유의 나무여서 가로수로 많이 쓴다.

정작 큰 문제는 도심에 가로수로 심어진 소나무가 길러서 키운 나무가 아니라 자생지에서 옮겨 심은 소나무라는 것이다. 소나무와 같은 늘푸른바늘잎나무는 아름답고 운치가 있어 사람들이 곁에 두고 싶어 하지만, 산에 자라는 소나무를 뽑아 도시 가로수나 조경수로 심는 것은 생태계 안정성을 위해 바람직하지 않다. 지역을 대표하면서 풍토에 적합하고 가로수로 맞는 나무를 심어 기르는 노력이 필요하다.

도시의 생명선
가로수

도시 숲의 큰 나무(폭 30m, 높이 15m 기준)들은 도시 소음을 10dB(데시벨) 줄여 주는 방음 효과로 스트레스를 덜 받고 편안하게 생활하게 해 준다. 도로 양옆과 중앙 분리대에 가로수로 키가 큰 바늘잎나무를 심으면 자동차 소음의 75%를 줄일 수 있다. 1ha 도시 숲은 연간 168㎏의 미세먼지 등 대기 오염 물질을 흡수한다. 미세먼지가 심할 때는 도시 숲 초미세먼지 농도가 일반 도심보다 40.9% 낮은 것으로 알려졌다.

도시의 산업화에 따라 매연과 소음이 심해지면서 생명선 역할을 하는 가로수의 중요성은 더욱 커졌다. 가로수는 대기의 통풍 공간을 만들고, 직사광선을 차단하며, 증산 작용을 통해 수증기를 방출함으로써 여름철 한낮 기온을 평균 3~7도가량 낮추는 효과가 있다.

가로수를 선발하는 기준은 까다롭다. 기후와 풍토에 알맞아 잘 자라야 하고, 잎이 커서 자동차 소음을 막아 주고 매연이나 먼지를 흡수하는 기능이 뛰어야 하며, 도시의 햇볕, 건조, 열, 대기 오염과 같은 온갖 스트레스를 이겨 내면서 병충해에 강해야 한다. 가지를 끊고 나무 모양을 다듬어도 견뎌야 하고, 은행나무처럼 이상한 냄새나 나거나 버드나무처럼 사람에게 불편을 주지 말아야 한다.

은행나무는 빨리 자라고, 대기와 토양 오염에 강하며, 이산화황과 미세먼지 분진 등을 흡수하는 대기 정화 능력이 뛰어나고 산소 배출량이 많아 가로수로 인기였다. 그러나 요즘에는 은행나무 열매에서 풍기는 악취 때문에 유전자 검사법까지 동원해 수나무만을 심겠다고 한다. 플라타너스는 세계 4대 가로수의 하나로 성장 속도도 빠르고 가지치기로 여러 모양으로 만들 수 있으며, 잎 면적도 넓어 대기 정화 기능이 좋으나 건물을 가린다는 민원이 많다.

최근에는 이팝나무가 가로수로 인기가 많다. 4월에 피는 하얀 꽃이 마치 하얀 쌀알을 연상시키는 나무이다. 과거에는 병충해에 강하고 성장이 빠른 나무를 가로수로 심었으나, 요즘에는 보기 좋고 기능성이 뛰어난 나무들이 환영받는다.

겨울에 염화칼슘을 뿌려 도로 제설 작업을 하면 가로수는 수난을 겪는다. 염화칼슘은 나무뿌리, 줄기, 잎 조직의 생장을 억제해 죽게 한다. 늘푸른바늘잎나무인 잣나무는 염화칼슘에 가장 약해 잎이 마르고 갈색으로 변하며, 일찍 낙엽이 진다. 소나무, 구상나무도 염화칼슘에 약하다. 봄부터 가을까지 도시에 자라며 사람들을 위해 고생하는 나무들이 겨울에 되면 화학 물질을 뒤집어쓰고 수난을 당하는 꼴이다.

도시의 생명띠
그린벨트

흔히 그린벨트라고 부르는 개발 제한 구역은 도시가 무질서하게 커지는 것을 막고자 만든 제도다. 국토교통부가 도시 개발을 제한하도록 도시 주변 지역을 띠처럼 관리하는 제도로, 1971년도에 도입됐다. 1944년 영국에서 처음 등장한 개발 제한 구역 제도는 '모도시의 확산을 막기 위해 토지를 영구히 개발하지 않고 빈 공간인 오픈 스페이스open space로 남겨두는 것'이 근본 목적이다.

그린벨트는 토지 이용을 제한해 도시가 확산되는 것을 방지하고 있으며, 도시 속 자연 쉼터이자 주민의 힐링 공간이 될 수 있도록 녹색

솔밭공원
서울 강북구 우이동

공간을 친환경적으로 활용한다. 도시 외곽에 숲을 유지해 자연 경관과 생물 다양성을 보전하고, 상수원과 농경지를 보호한다. 여유 공간을 만들고, 도시의 환경 오염을 줄이며, 위성 도시가 무질서하게 개발돼 대도시와 이어지는 것을 막는 등 여러 효과가 있다.

개발에 의해 그린벨트가 해제되고 숲이 사라지면 숲에서 불어오는 밤바람이 줄어 도심 공기가 정체되고, 야간 대기 질이 나빠지고, 도심 미세먼지 농도가 높아진다. 도시의 생물 다양성이 낮아지는 것도 피할 수 없다. 도시 숲이 축소되면서 도심의 열섬 효과를 부추기고, 냉방을 위해 에어컨을 켜면 에너지 사용량이 늘면서 다시 발전량이 증가해 이산화탄소와 미세먼지가 발생하는 악순환으로 이어진다.

서울과 같은 거대 도시에서 개발 제한 구역의 완충 녹지는 시민에게 산소와 휴식 공간을 제공하고 도시의 생명력을 지키는 도시의 허파와 같다. 그러나 역대 정부마다 개발 제한 구역을 해제한 뒤 택지, 공공시설 등 대규모 개발 사업을 추진해 개발과 보전 사이에 우선순위를 두고 이해 당사자 사이에 갈등을 낳았다.

미래 지향적인 건강한 도시 환경을 위해서는 개발 제한 구역이 설치된 도시 숲을 보전하고, 제 기능을 상실한 곳들은 숲을 복원해야 한다. 개발로 파편처럼 쪼개지고 끊긴 녹지 축도 숲길을 만들어 서로 이어 주어야 한다. 그린벨트를 지키는 것은 도시를 친환경적이고 지속 가능하게 발전시키고 사람과 자연 사이의 형평성을 유지하면서 공생하는 미래를 위한 투자다.

쓰레기장에서 변신한 대구수목원

공원에서
한나절 보내기

도시 숲은 도시 지역 주민의 휴식과 체험 활동 등을 위한 숲으로, 공원, 마을 숲, 학교 숲, 가로 숲 등이 대표적이다. 예전에는 교육 환경이 좋은 곳이나 교통이 좋은 역세권이 인기가 많았다면, 요즘 사람들이 가장 살고 싶은 곳은 집이 숲 가까이 있는 '숲세권'이다.

도시공원은 시민의 건강, 여가, 휴식을 위해 설치 또는 지정된 공원이다. 도시공원법은 1인당 공원 면적을 6㎡ 이상으로 정했으나, 세계보건기구는 1인당 공원 면적 9㎡를 권장한다. 이에 따르면 우리나라 17개 도시 가운데 7곳이 부족하다. 국토교통부 통계에 따르면 2016

년 기준으로 대전시(8.6㎡), 강원도(8.4㎡), 서울시(8.0㎡), 광주시(6.2㎡), 부산시(5.7㎡), 대구시(4.9㎡), 제주시(3.1㎡) 등이 도시공원 면적 미달이다. 경상북도(9.6㎡), 경기도(9.1㎡), 충청북도(9.1㎡), 울산시(9.1㎡) 등은 가까스로 기준을 맞추었다. 선진국에서는 살기 좋은 동네를 평가하는 기준으로 걸어서 10분 거리에 공원이 있는가를 보기도 한다. 독일 베를린의 공원 면적은 서울에 비해 3배 정도 넓다.

국립환경과학원에 따르면 중금속인 카드뮴이 자연 함유량(0.14ppm)보다 80배나 많은 흙에 심은 은행나무는 5년, 메타세쿼이아는 15년 뒤에 뿌리 주변의 카드뮴이 완전히 제거됐다. 대구시는 1996년부터 시작된 '푸른 대구 가꾸기' 사업으로 2천만 그루 이상의 나무를 심고 공원을 만드는 등 녹화 사업을 진행했다. 그중 대구수목원은 대구시 달서구 대곡동의 생활 쓰레기 매립장 위에 대구지하철 1호선 건설 공사에서 걸어 낸 흙을 6~7m 높이로 깔아 만들었다. 1997~2002년까지 5년에 걸쳐 조성한 24만 4천여㎡ 넓이의 친환경적 생태 공간이다. 이처럼 대구수목원은 혐오 시설을 시민들이 사랑하는 쉼터로 바꾼 성공적인 사례다.

숲속에 15분 정도 있으면 스트레스를 일으키는 호르몬인 코르티솔 농도가 15.8% 줄고 혈압도 2.1% 낮아진다. 숲은 건강과 사망률에 큰 차이를 가져오고, 어린이 비만에도 영향을 미친다. 지구 온난화로 인한 기후 변화를 막고, 폭염, 홍수, 태풍, 가뭄 등 피해도 줄여 준다. 도시에 사는 사람에게 숲이 필요한 이유는 셀 수 없을 정도로 많다.

코로나19에 찌든 당신
바늘잎나무 숲으로 가자

2020년 코로나19가 세계적으로 확산되면서 팬데믹(세계적으로 감염병이 대유행하는 상태)이 선포됐다. 이때 갑자기 등장한 '언택트untact'라는 말은 접촉을 의미하는 'contact'에 부정을 뜻하는 'un'을 결합해 만들어진 단어로, 비대면을 뜻한다. 비대면은 사람들과 접촉 없이 소비하거나 일상 활동을 하는 등의 새로운 소비 트렌드로 자리 잡았다.

코로나19가 확산된 영향으로 2020년 여름 휴가철 부산을 찾은 관광객의 선호도가 2019년과 크게 달라졌다고 한다. 다른 사람과 접촉을 줄일 수 있는 곳을 찾은 관광객이 크게 늘어난 것이다. 부산관광공사와 이동통신사가 8월 첫 주 데이터를 분석한 결과 수도권에서 부산을 찾은 방문객이 늘어났고, 덜 붐비는 언택트 관광지를 찾은 이가 많았다. 부산 해운대 해수욕장과 광안리 해수욕장 등 유명 관광지 대신 송도 해수욕장 등 인파가 적은 곳을 선호했다는 결과가 나왔다.

특히 흥미로운 것은 2020년 6월 발표한 언택트 관광지 10선 가운데 외진 곳인 기장 치유의 숲이 67.4%로 가장 높은 방문 증가율을 보인 반면, 도심 속 관광지인 황령산은 -19.5%, 평화공원은 -17.9%로 방문객이 감소했다는 사실이다. 해외여행이 불편해지면서 나무가 우거진 숲으로 여행하는 것이 국내 관광의 새로운 조류가 된 것이다.

국내 한 민간 기업이 '숲속 꿀잠 대회'를 열었는데, 역시 코로나19 탓에 사회적 거리 두기를 지켜 온라인 참가로 진행했다. 꿀잠 대회는 학업, 커뮤니티, 아르바이트 등으로 수면 부족에 시달리는 바쁜 청년들에게 잠의 소중함을 알리고, 숲이 주는 편안한 힐링을 생각해 보자는 취지로 기획됐다. 숲을 직접 찾지 못하고 온라인 공간에서 자연을 만나야 한다니 아쉽다.

사회적 거리 두기 정책으로 PC방도 '영업 정지'를 하고 있다. 이에 PC방 게임 사용량은 크게 감소한 대신 온라인 모바일게임 사용량이 늘었다. 또한 숲을 주제로 한 게임 '모여봐요 동물의 숲'이 흥행하면서 관련 매출이 늘었다고 하니, 게임에서도 숲은 이래저래 사람들이 몰린다.

코로나19 이후 현실 세계와 가상 공간 모두에서 전보다 많은 사람들이 공원, 마을 뒷산, 높고 낮은 산의 숲을 자주 찾는 것은 나무가 사람에게 주는 정신적 안정과 육체적 효과 때문이다. 지금이라도 내가 사는 마을에서 가까운 바늘잎나무 숲으로 가자. 숲에 가서 풀과 나무, 동물 그리고 흙의 냄새를 맡고 물이 흐르는 소리를 들어 보자. 자연과 조화롭게 공생하는 사람이 되는 것은 마음만 먹으면 누구나 할 수 있는 쉬운 일이다.

몽골 사막

숲이 사라지고

만들어진

해외여행 대신
숲으로

코로나19 팬데믹으로 많은 나라들이 전염병의 확산을 막기 위해 국경의 빗장을 걸어 잠그는, 바야흐로 '생태적 쇄국의 시대'가 왔다. 자유롭게 여행하고 소통하던 세계화 시대라는 말이 얼마 전까지 시대적 조류라고 했는데, 세상은 어지러울 정도로 빨리 예측할 수 없게 바뀌고 있다.

다른 나라를 자유롭게 여행하지 못하는 사람들에게 갈증을 달래줄 소식이 있다. 2020년 7월 영국의 사회적 기업과 비영리 단체가 손잡고 세계 여러 나라 자연을 소리로 들을 수 있는 '세계 숲 소리 지도

soundmap'를 만들었다. 세계 30여 개국 숲 소리를 녹음한 파일을 통해 세계의 숲 소리를 골라 들을 수 있는 온라인 소리 지도다. 코로나19에 지친 사람들에게 자연의 소리로 위안을 주겠다는 '숲 소리 지도'는 이용자들이 내용을 채워 가는 개방형이다. 누구나 자신이 찾아간 곳의 숲 소리를 녹음해 사운드클라우드Soundcloud를 통해 풍경 사진과 함께 올리면 지도에 표시된다. 웹사이트(https://timberfestival.org.uk/soundsoftheforest-soundmap/)에는 30여 나라의 숲을 사랑하는 사람들이 올린 숲 소리 녹음 파일이 올라와 있으며, 누구나 숲 소리 녹음해 올릴 수 있다. 해외여행이 어려운 시대에 숲 지도를 세계의 숲을 여행할 기회가 생긴 것이다. 세계의 숲 소리를 들으면 멀리 떨어져 있는 곳의 자연이 우리와 가까이 연결돼 있다는 느낌을 실감하면서 위안을 받을 것이다.

프란치스코 교황은 "코로나19를 계기로 기후 변화에 신음하는 지구에 휴식을 주자."라고 호소하면서 지구 온난화의 주범인 온실 기체를 줄이기 위한 국제 협약인 '파리 기후 변화 협약'을 이행할 것을 국제 사회에 촉구했다. 또한 "현대 사회는 지구를 한계 이상으로 밀어붙였다. 성장에 대한 우리의 지속적인 욕구와 생산과 소비의 끝없는 순환은 자연을 황폐화시켰다." 하고 강조하며, "자연이 신음하고 있다. 숲은 사라졌으며 토양은 침식되고 들판은 무너졌다. 반면 사막은 넓어지고 바다는 산성화됐으며, 폭풍우는 강력해졌다."라고도 말했다.

코로나19 사태가 긴 꼬리처럼 늘어지면 코로나19 이후인 'After

Corona'는 기대하기 어렵고, 코로나19 이전인 'Before Corona'로 돌아갈 수도 없으며, 코로나19와 함께 살아야 하는 'With Corona'가 계속되면서 우리 삶은 더욱 힘들어질 것이다. 현대 사회가 안고 있는 기후 위기, 미세먼지, 가축 전염병, 환경 오염, 생물 다양성 파괴, 전염병과 같은 환경 생태적 난제를 해결하려면 국제 사회가 협력해야 한다. 우선 나부터 친환경적 삶을 실천하는 것이 중요함을 인식하고 개인이 할 수 있는 일을 찾아 시작해야 한다.

전염병의 공포에서 벗어나려면 자연에서 길을 찾는 것이 바람직하다. 바늘잎나무가 우거진 숲에서 피톤치드가 풍부한 맑은 공기를 마시고 자연의 소리를 듣고 끊임없이 달라지는 모습을 보면 힘을 되찾을 수 있다. 전염병이라는 고민을 떨치고 나무와 숲 가까이에서 휴식하고 치유하려는 인간의 본능은 더욱 강해졌다. 마스크를 벗고 숲속 나무 사이를 자유롭게 걸을 수 있는 날을 고대한다. 이제라도 '자연의 권리'를 존중하면서 지구와 사람이 공생하는 길을 가야 지속 가능한 미래를 맞을 수 있다.

세상을 보듬어 주는
바늘잎나무

해마다 태풍이 휩쓸고 지나간 자리는 폐허가 되다시피 한다. 특히 개발을 위해 마을 주변 숲을 베어낸 곳의 피해가 심했다. 하지만 방풍림을 심은 곳은 바람막이가 있어 태풍에도 별 피해가 없었다. 2013년 인도네시아 아체주에 인명과 재산에 엄청난 피해를 입힌 지진에 의한 해일 피해도 바닷가에 자라던 맹그로브숲이 사라진 곳에서 유독심했다.

해안 방재림은 바다에서 발생하는 해일, 풍랑, 모래 날림 피해를 줄이고자 해안 가까이에 만든 숲이다. 2011년 동일본 대지진 때 일본 후

쿠시마 원전 폭발을 가져온 해일 피해도 해안림이 없는 곳에서 피해가 더욱 심했다. 센다이 공항은 인근에 조성된 너비 300m의 해안 방재 숲으로 피해를 줄을 수 있었다.

　방풍림은 가옥, 농경지, 농작물 및 목장 등을 보호하는 바람막이일 뿐만 아니라 평상시에는 휴식 공간으로서 관광객을 끌어들인다. 방풍림으로 심는 나무는 지역 특성에 따라 다르지만 성장이 빠르고 바람에 잘 견디는 곰솔 등 늘푸른바늘잎나무나 늘푸른넓은잎나무가 좋다. 해안가의 일 년 내내 잎이 무성한 바늘잎나무는 태풍이나 해일이 와도 인명과 재산을 보호하여 피해를 줄여 준다.

　인간을 포함한 모든 생물이 살아가는 데 없어서는 안 되는 필수 자원이 물이다. 국토의 64%를 차지하는 산에 자라는 숲은 빗물을 걸러 저장해서 우리가 맑은 물을 마실 수 있게 서서히 흘려주는 녹색 댐이다. 국립산림과학원에 따르면, 우리나라 산림이 물을 간직하고 있다가 흘려보내 주는 양은 1년에 193억 톤 정도다. 단위 면적당 나뭇잎 면적은 바늘잎나무 숲이 넓은잎나무 숲보다 넓다. 바늘잎나무의 증산에 의한 수분 손실량은 51% 정도로, 넓은잎나무의 38%보다 많다. 따라서 숲을 안정적인 녹색 댐으로 만들려면 현재 바늘잎나무 위주의 숲을 바늘잎나무와 넓은잎나무가 섞인 숲으로 바꾸어야 한다. 넓은잎나무 숲은 바늘잎나무 숲에 비해 30% 이상 물을 많이 저장하고, 간벌과 가지치기를 하면 넓은잎나무가 늘어나 흙이 비옥해져 더 많은 물을 저장하게 된다.

2011년 7월 서울과 강원도에 집중호우가 내려 많은 사람이 생명을 잃고 집과 차량, 도로 등이 매몰됐다. 산사태 피해가 심했던 두 지역의 공통점은 산의 숲을 무리하게 훼손해서 인공 시설을 늘렸고, 잣나무가 많았다는 점이다. 잣나무는 소나무와 참나무류 등에 비해 뿌리의 깊이가 얕아 산사태에 취약하고, 토양을 얽매는 힘도 소나무보다 약하다. 기름진 땅에 자라는 잣나무와 달리 같은 소나무는 척박한 곳에서도 뿌리를 잘 내리며, 땅이 척박할수록 양분을 얻고자 뿌리를 더 깊숙이 뻗고 잔가지도 많아진다. 또한 소나무는 상체에 군살이 적고 하체가 튼튼하지만, 잣나무는 튼실한 상체에 비해 하체가 부실해 집중호우를 버티지 못한다.

　바늘잎나무를 심을 때에는 나무의 생태적 특성에 알맞은 장소를 골라 다른 잎지는넓은잎나무와 섞어 심는 것이 좋다. 자연을 관찰하면서 알게 된 지식과 경험을 바탕으로 과학적으로 산과 숲을 관리해야 재해를 줄이면서 혜택을 누리고 삶의 질을 유지할 수 있다. 산에 있는 나무와 숲을 들여다보면서 자연 생태계를 꾸준히 탐구해야 현장의 문제에 바른 해답을 낼 수 있다. 답사를 게을리할 수 없는 이유다.

PART 6

바늘잎나무의 미래

미래가 희망이 없고 우울하다면 얼마나 슬플까요? 그런 당신에게 아무도 관심조차 없다면 어떤 마음이 들까요? 우리 산하의 바늘잎나무들은 기후 변화, 산불, 병해충, 난개발 등에 따라 바람 앞의 등잔불과 같은 운명입니다. 바늘잎나무가 없는 마을, 숲, 산을 미래 세대에게 넘겨줘야 할까요?

우면산 산사태 훼손지
서울 서초구

물이 적어도 문제,
많아도 문제

우리나라 수자원 총량(연간 약 1,267억 톤)의 3분의 2는 산에서 내려오는 골짜기 물이다. 숲이 머금는 물의 양은 수자원 총량의 15%인 약 190억 톤으로, 국내에서 가장 큰 소양강댐 최대 저수량의 약 7배에 이른다.

　1970년대 이후 리기다소나무, 잣나무, 일본잎갈나무 등 바늘잎나무를 많이 심은 곳에서 흐르는 물이 줄어들었다. 바늘잎나무는 나무 한 그루에서 잎이 차지하는 전체 넓이가 넓은잎나무보다 훨씬 넓어 물을 많이 거둔다. 바늘잎나무의 잎 넓이가 더 작을 것 같지만, 잎 전체를 합치면 넓은잎나무 잎보다 넓어서 바늘잎나무 숲에서 물이 두드러지게 줄어든다.

숲은 비가 올 때 물을 저장해 홍수를 막아 주고, 삼림 내에서 물을 걸러 흘려보내서 수질을 정화한다. 그러나 건조할 때 나무는 스스로 생존을 위해 물을 소비해 가뭄을 부추기기도 한다. 바늘잎나무는 하천으로 흐르는 물을 줄이고 증발산을 늘리므로 인공적으로 심은 바늘잎나무 숲이 많은 우리 산에서는 물 부족이 심해질 수 있다. 과거 약 30여 년간의 산림녹화 사업으로 숲이 우거지면서 숲에 저장된 물의 양도 많을 것 같지만 실제로는 줄어들었다. 바늘잎나무 등의 잎이나 가지에서 빗물을 차단하고 증발산 등으로 대기에 날려 보냈기 때문이라고 하니 자연의 조화는 알수록 신기하다.

사람들이 심어 가꾼 바늘잎나무 숲을 솎아베기와 가지치기로 가꾸면 땅속 물의 증발과 잎을 통해 빠져나가는 수분 손실량을 20% 이상 줄여 일 년에 36억 톤의 물을 늘릴 수 있다. 바늘잎나무와 넓은잎나무가 함께 자라는 여러 층으로 된 숲을 만들면 빗물이 땅속에 잘 스며들어 연간 21억 톤의 물을 더 저장할 수 있다. 나무들이 섞여 자라는 좋은 숲은 시간당 200㎜까지 빗물을 흡수한다. 이런 숲의 토양은 작은 동물과 미생물이 낙엽과 나뭇가지 등을 분해해 푹신푹신하고 틈이 많아 물을 머금는 능력이 뛰어나 홍수도 예방한다.

식생을 보면 넓은잎나무 숲보다는 서울 서초구 우면산, 방배동, 경기도 포천처럼 잣나무 등 뿌리가 얕은 바늘잎나무가 많은 곳이 산사태에 취약하다. 땅속 깊숙이 뿌리를 뻗는 넓은잎나무와는 달리 바늘잎나무는 얕고 넓게 뿌리를 내리기 때문에 태풍과 집중호우 때 산사태가 나기 쉽다. 집중호우 때 나무뿌리끼리 땅을 잡아 주어 산사태를 방지하는 그물망 효과를 높이려면 참나무류, 소나무 등 뿌리가 깊은 나무들을 섞어 심어야 한다. 땅이 깊은 곳에는 넓은잎나무, 얕은 곳에는 바늘잎나무를 주로 심어 나무가 잘 자라도록 해서 산사태를 막아야 한다.

산사태는 앞으로가 더욱 문제다. 기후 변화에 관한 정부 간 패널이 2014년 발표한 5차 보고서에 따르면 국내 평균 강수량이 매년 약 2㎜, 90년간 총 161㎜ 늘어날 것으로 예측돼 앞으로 산사태 피해가 커질 것이라고 한다. 숲 생태계는 넓은잎나무 숲과 바늘잎나무 숲의 비율이 7대 3 정도일 때 안정적이고 생물 다양성도 높다. 바늘잎나무와 넓은잎나무가 균형과 조화 속에서 산사태, 병충해, 기후 변화에 저항력을 가지고 시스템이 유지될 수 있도록 가꾸어야 한다.

산불 피해지
강원도 고성

바늘잎나무와
산불

중생대 백악기에 원시적인 바늘잎나무를 밀어내고 꽃피는 속씨식물이 지구상에 널리 퍼진 데는 산불의 역할이 컸다. 소나무는 산지, 물기가 있는 하천, 범람하는 습지, 바닷물이 영향을 미치는 해안가, 건조한 곳 등 여러 환경에서 잘 자란다. 따라서 산불이 난 뒤 불탄 자리에서도 가장 먼저 싹을 틔우는 천이 초기 정착 종의 하나다. 산불의 뜨거운 불기운이 솔방울을 열어젖혀 씨앗을 퍼뜨리기 때문으로, 소나무는 이렇게 강인한 생명력으로 거친 땅에서 번성했다. 소나무 등 바늘잎나무의 잎은 휘발성이 높아 작은 불씨에도 불쏘시개가 된다.

1997년부터 2016년까지 8,900여 건의 산불이 일어났고, 남산 면적의 약 130배인 4만 4,024ha의 산림이 피해를 입었다. 산불의 71%는 봄철(2~5월)에 집중됐다. 동해안 지역은 소나무 등 바늘잎나무가 울창하고, 마른 낙엽이 많고, 푄 현상에 의한 이상 고온과 편서풍으로 강한 바람이 불어 대형 산불이 잦다. 강원도 산림의 70%는 소나무 등 바늘잎나무 숲이다. 가장 큰 피해를 준 2000년 동해안 고성 산불은 191시간 동안 타면서 삼림 2만 3,794ha를 태웠고 피해액은 1천억 원에 이르렀다.

봄철 강원도 양양과 간성 사이에 불어닥치는 강풍은 영서 지방에서 영동 지방으로 부는 국지풍의 영향이 크다. 양양과 북쪽의 고성이나 간성, 양양과 남쪽의 강릉 사이를 부는 고온 건조하고 풍속이 빠른 바람을 양간지풍襄杆之風 또는 양강지풍襄江之風이라 한다. 대형 산불은 주로 소나무 등 바늘잎나무 숲에서 발생하는 강력한 '도깨비불' 또는 '비화飛火' 현상인 '파이어 스톰fire storm'으로 마을과 하천을 넘나들면서 피해를 준다.

소나무류 등 줄기와 잎에 송진을 많이 포함한 바늘잎나무가 주로 자라는 숲은 산불을 키운다. 송진은 인화성 물질로 '불기둥'을 만드는 촉매제다. 소나무는 봄에 잎이 많고, 강한 휘발성 물질인 테라핀이 20% 이상 들어 있어 나무 꼭대기까지 빠르게 불길에 휩싸여 피해가 크다. 더구나 바늘잎나무는 넓은잎나무보다 불이 붙는 온도가 낮아 산불에 취약하다. 다양한 종류의 나무가 섞여 자라는 혼합림일수록 산불로 타는 시간이 짧다. 소나무 숲의 면적이 넓고 숲이 서로 가까울수록 산불을 끄기 어렵고, 산불 확산 속도도 빨라 피해가 크다. 따라서 소나무로만 이루어진 숲보다 바늘잎나무와 넓은잎나무가 섞여 있는 숲이 산불 피해가 적다. 바늘잎나무로만 된 숲의 산불 피해를 줄이려면 잎지는넓은잎나무와 늘푸른넓은잎나무를 섞어 심어야 한다.

산불이 난 곳은 과학적인 근거를 통해 입지에 맞춰 자연 복원과 인공 복원을 선택하거나 수종을 조화롭게 섞는 것이 좋다. 산불 지역에서 토양을 회복하려면 초기에는 그냥 방치해서 환경에 맞는 식물들이 뿌리를 내리게 하고, 인공 조림을 하더라도 토양이 안정화되도록 7년 정도는 기다리는 것이 효과적이다. 숲이나 사람 사는 세상이나 서로 다른 특징을 가진 무리들이 서로 섞여 살면 생물 다양성도 높다는 것이 자연의 섭리다.

강원도 정선

가리왕山 수키 슬로프

바람 앞의 등잔불
바늘잎나무

높은 산 꼭대기와 능선에는 기후 변화에 취약한 바늘잎나무와 함께 키 작은 고산식물이 근근이 살아가고 있다. 그러나 산 정상에 이르는 곳까지 개발하려는 요구가 점차 많아지고 있다. 지자체들은 전국 거의 모든 유명한 산에 경쟁적으로 케이블카, 곤돌라, 리프트, 모노레일, 스키장, 골프장, 호텔 등을 건설해 관광객을 유치하려 한다. 겨울이 길고 눈이 많이 내리는 산마다 스키장을 만들거나 경관이 좋고 단풍이 아름다운 산에서는 케이블카를 만들려는 쪽과 건설을 반대하는 쪽이 대립했고, 상황은 지금도 진행형이다.

1997년 개최된 동계 유니버시아드를 위해 전북 무주 덕유산국립공원과 유전자원 보호 구역인 고도 700m부터 향적봉 부근 1,520m 설천봉까지 총길이 2,659m에 이르는 스키 슬로프와 곤돌라를 만들었다. 이때 주목, 구상나무 군락이 큰 피해를 입었고, 지금도 바늘잎나무들이 말라 죽고 있다. 덕유산 정상에 이르는 등산로는 전국 15개 산악형 국립공원 주요 탐방로 가운데 스트레스 지수가 99.99로 가장 높다. 겨우 1천㎡ 남짓한 좁은 공간을 매년 150만 명 정도가 올라 밟다 보니 곳곳이 심하게 훼손됐다.

강원도 속초 설악산 권금성도 1971년에 케이블카가 놓인 뒤로 케이블카가 도착하는 지점 일대가 민둥산으로 바뀌었다. 1997년에 강원도 평창 발왕산에 용평리조트 스키장을 건설하면서 분비나무, 주목 등을 이식했지만 대부분 말라 죽었다. 자연환경 조건에 맞지 않는 곳에 무리하게 공사를 진행했고, 사후 관리를 제대로 하지 않았기 때문이다.

강원도 정선 가리왕산(해발 1,561m) 국유림 101ha에 2018년 평창 동계 올림픽 알파인 스키장이 건설됐다. 가리왕산은 백두대간의 중심축으로 주목 군락지가 있고, 천연림에 가까운 숲이 발달해 산림 유전자원 보호림과 자연 휴양림으로도 지정될 만큼 가치가 높았다. 주목이 어린 개체부터 수백 년 된 노거수까지 세대별로 출현하는 드문 곳이었으나, 다른 바늘잎나무들과 함께 흔적도 없이 사라졌다.

일회성 국제 대회를 치르겠다고 세금을 들여 유지 관리를 감당하기 힘든 시설을 짓고, 자연환경과 경제에 회복할 수 없는 부담을 주고 있다. 앞으로는 가용 가능한 사회 간접 자본을 최대한 활용하면서 지역 간 협업을 통해 공동으로 대회를 개최하는 등 환경을 지키고 지역 균형 발전을 도모해야 한다.

우리 세대의 단기적인 이익을 위해 산악을 개발하는 것보다는 미래 세대에게 자연을 보전하여 물려주는 것이 책무다. 후손들에게 필요한 것은 단기적인 이익이나 편의보다는 미래 사회에서 무한한 가치를 발휘할 때 묻지 않은 자연 생태계와 경관이다.

동백나무 울산대공원

기후 변화와
바늘잎나무의 우울한 미래

기후 변화에 관한 정부 간 패널에 따르면 현재 지구상 동식물 종 가운데 20~30%가 2100년까지 멸종될 위기에 놓여 있다. 기상청에서 발표한 《한국 기후 변화 평가보고서 2014》에 따르면 지구 온난화가 현재와 같은 추세로 지속될 경우, 현재 11.0도인 한반도의 연평균 기온은 2041~2070년에는 3.4도 올라간 14.4도가 되고, 2071~2100년에는 5.7도가 올라 16.7도에 이를 것으로 전망된다.

우리나라는 산림녹화 사업으로 삼림이 무성해졌지만 시간이 지나면서 지구 온난화에 따라 주된 나무 종류가 바뀌고 있다. 한반도가 뜨

거워지면서 소나무, 잣나무, 가문비나무, 구상나무 등 우리나라를 대표하는 바늘잎나무는 줄어들고 신갈나무, 굴참나무, 붉가시나무, 구실잣밤나무, 동백나무 등 넓은잎나무가 늘어나고 있다.

국립수목원이 지정한 기후 변화 취약 산림 식물 100종 가운데 바늘잎나무는 소나무, 일본잎갈나무, 구상나무, 분비나무, 비자나무, 눈측백, 가문비나무, 주목, 눈잣나무, 설악눈주목 등 10종이며, 넓은잎나무(44종), 풀(46종) 등이 있다. 이 가운데 한대성 바늘잎나무인 구상나무, 분비나무, 눈측백, 가문비나무, 주목, 눈잣나무, 설악눈주목 등은 백두대간에 자라는 나무다.

1970년대에 전체 삼림의 50%(323만ha)를 차지했던 소나무 숲은 2007년 말 기준 23%(150만ha)로 줄어들었다. 소나무가 말라 죽는 것은 심한 가뭄과 겨울철 이상 고온으로 수분이 부족해져 생리적 스트레스를 받기 때문이며, 소나무재선충병과 같은 병해충 피해도 큰 몫을 했다. 같은 기간 넓은잎나무 숲은 10% 대에서 26%까지 넓어졌다. 국립산림과학원은 19세기부터 20세기 말까지 한 세기 동안 기온이 0.8도 상승하면서 소나무류의 수직적 분포 한계선이 100m 이상 높아졌다고 했다. 기온이 2도 상승하면 따뜻한 기후에서 잘 자라는 동백나무의 분포 면적이 2배 증가하고 소나무 등 바늘잎나무는 감소할 것으로 전망했다.

소나무, 가문비나무 등 바늘잎나무는 떡갈나무 같은 넓은잎나무보다 탄소를 저장하는 효과가 낮고 색이 어두워 더 많은 열을 흡수한다.

숲이 바늘잎나무로 바뀔수록 더 많은 태양빛을 흡수하고 수분은 덜 배출하면서 바늘잎나무 숲의 온도는 올라간다. 지구 온난화를 늦추려면 바늘잎나무로만 된 숲보다는 붉가시나무처럼 탄소 흡수율이 높은 넓은잎나무를 섞어 심어야 한다.

　우리도 생활하면서 기후 변화를 막고 숲을 지킬 수 있다. 우리나라에서 승용차 1대가 연간 배출하는 이산화탄소는 평균 8.1톤으로, 소나무 숲 1ha가 흡수하는 양과 비슷하다. 따라서 자가용을 타는 사람이 기후 변화를 일으키지 않으려면 소나무 숲을 1ha 이상 심어야 한다. 승용차 1대가 1년 동안 배출한 온실 기체를 없애려면 어린 소나무를 17그루 심어야 한다. 30년생 소나무 10그루는 서울에서 부산까지 가는 자동차가 배출하는 양만큼의 이산화탄소를 흡수하지만, 나무를 심어서 자동차가 배출하는 유해 물질을 흡수하도록 하는 일은 말처럼 쉽지 않다. 대신 승용차 운행을 10% 줄이면 매년 소나무 1.7그루를 심는 것과 같은 효과가 있다. 승용차를 덜 운행하고 대중교통을 이용하는 것이 대기와 숲을 건강하게 하고 우리 스스로도 기후 변화와 미세먼지로부터 자유로워지는 지름길이다.

주목
충북 단양 소백산

백두대간 바늘잎나무 숲에
무슨 일이?

백두대간은 백두산 장군봉에서 시작해 지리산 천왕봉까지 주된 능선
인 마루금의 길이만 1,400㎞에 이르는 한반도 등줄기이다. 남한 구간
만 701㎞에 이르며, 남북한 생태계를 이어 주고 다양한 생물종이 분
포하는 핵심 생태 축이자 생물 다양성의 보고다. 백두대간 정상부 고
산대와 아고산대에는 빙하기에 북쪽의 혹독한 추위를 피해 남쪽 피
난처로 이동해 정착한 북방계 식물들이 많다. 남부 지방 아고산대에
고립돼 분포하고 있는 특산종인 구상나무와 동북아시아 한랭한 곳에
자라는 가문비나무, 분비나무, 눈잣나무, 눈향나무, 주목 등도 백두대

간의 대표적인 바늘잎나무다.

빙하기 이래 한랭한 기후에 적응해 백두대간 정상부를 중심으로 분포하는 바늘잎나무와 고산식물들은 변화하는 기후에 적응하지 못하고 쇠퇴하거나 후손을 잇지 못하고 산 아래에서 올라오는 종과의 경쟁에서 밀려나 줄거나 사라질 위험에 있다. 백두대간에서 바늘잎나무가 말라 죽는 피해는 경사가 급한 곳, 토양이 척박한 곳, 남사면이나 햇빛 노출이 많은 숲 가장자리, 나무 밀도가 높은 곳에서 많다.

구상나무, 분비나무, 가문비나무, 눈측백, 눈향나무, 눈잣나무, 주목 등 아고산 바늘잎나무의 분포 면적은 전국 31개 산지 1만 2,094ha로 조사됐다. 지리산이 5,198ha로 가장 넓고, 한라산에 1,956ha의 아고산 바늘잎나무 숲이 분포한다.

산림청의 〈멸종 위기 고산 지역 실태 조사〉에 따르면, 백운산, 설악산, 지리산, 한라산에서의 1990년대와 2010년대 그리고 최근 바늘잎나무 숲 변화를 비교한 결과 면적이 지난 20년 사이 크게 줄었다. 아고산대 바늘잎나무 숲 면적은 1990년대 중반에 비해 약 2천ha 이상(약 25%) 감소했다. 200ha 이상 크게 감소한 지역은 설악산, 백운산, 지리산, 한라산 등이다. 지리산은 1990년대 이후 바늘잎나무 숲이 14.6% 줄었고, 한라산은 35% 가까이 줄어 고사 피해가 가장 심각했다. 이 산들의 해발 고도 1,100~1,300m에서 바늘잎나무의 고사목 비율이 가장 높았다.

설악산(1,708m)에서는 기후 변화 지표종인 분비나무가 집단적으로 말라 죽고 있다. 설악산 귀때기청봉 주변에서 발생한 분비나무 고사 현상은 대청봉, 중청봉, 소청봉으로 확산됐다. 소청 대피소 주변 분비나무는 대부분 말라 죽고 대청봉에서 서북주능으로 이어지는 서식지는 축소되거나 사라질 위기에 있고, 설악폭포 주변 분비나무도 고사하고 있다. 경북 봉화군 춘양면 구룡산(1,344m) 정상에서도 분비나무 고사목들이 발견됐다. 설악산과 오대산 등 북쪽 지역에 자생하는 분비나무도 약 11%가 말라 죽었다. 계방산, 오대산, 태백산, 소백산, 덕유산 등 백두대간을 따라 높은 산악 지대나 추운 지방에서 주로 자라는 주목도 쇠퇴하고 있다. 계방산, 덕유산, 지리산에만 자라는 가문비나무도 말라 죽고 있다.

경북 울진, 영양, 봉화와 강원 삼척에서는 소나무가 집단적으로나 개별적으로 고사하고 있다. 소나무 숲 자연 분포의 남방 한계선 근처에 위치한 전남과 경남 등 남부 지역에서는 가뭄 스트레스로 인한 생리적 장애가 더 심해 고사율이 높다. 이렇게 아고산대의 늘푸른바늘잎나무가 말라 죽은 원인으로는 기후 변화에 따른 이상 고온과 가뭄에 의한 수분 스트레스가 손꼽힌다.

구상나무 고사

제주도 한라산

아고산 벼랑 끝의
구상나무

아고산대는 바늘잎나무와 넓은잎나무가 섞여 자라는, 쓸모 있는 큰키
나무들이 자라는 삼림 한계선에서 교목 한계선 사이에 나타나는 식
생대다. 아고산대에는 구상나무, 분비나무, 가문비나무, 눈잣나무, 눈
측백, 눈향나무와 같은 한랭한 기후를 좋아하는 늘푸른바늘잎나무가
많이 분포했으나, 기온 상승으로 빠르게 개체 수와 면적이 줄었다.

남부 지방 아고산대에만 자라는 우리나라 특산종 구상나무는 지구
온난화 등으로 소나무 등에 밀리면서 지역에 따라 30년 사이 50% 정
도가 사라졌다. 예전에는 한라산 해발 1,400m 일대를 중심으로 높

은 고도에는 구상나무, 낮은 고도에는 소나무가 많았다. 그러나 최근에는 지구 온난화 탓에 소나무는 해발 고도 1,500m 이상까지 자생지를 넓힌 반면, 구상나무는 개체 수가 줄면서 아고산대 정상 쪽으로 밀려가고 있다. 2000년 이후 지리산 반야봉 일대에서 고사한 구상나무 84그루의 평균 수명은 69년이며, 길게는 118년에 이른다. 구상나무는 50여 년에 걸친 생육 스트레스가 장기간 누적돼 고사했으며, 죽은 나무의 절반은 70~80년생이었다.

한라산 구상나무의 쇠퇴 정도는 45% 내외로 덕유산(31%)과 지리산(25%) 등에 비해 가장 높았다. 한라산은 화산암이 기반암을 이루고, 겨울철 온도 상승률이 가장 높으며, 강풍과 폭우가 심한 극한적인 기상 특성 때문에 고사목이 매우 많고 쇠퇴 현상도 가장 심하다. 아고산대 늘푸른바늘잎나무 숲이 안정적으로 이어지기에는 어린 나무의 개체 수가 많지 않고 나무들의 연령 구조가 불안정해 지속적인 개체군 유지가 쉽지 않다.

1990년대까지 한라산 구상나무의 집단적 고사는 숲이 발달하면서 생기는 천이, 노령화, 종간 경쟁 등 자연적인 이유가 많았다. 2000년대부터는 기후 변화에 의한 적설량 감소, 차갑고 건조한 바람에 의한 동계 건조 현상 등이 더해지고, 폭염, 잦은 태풍과 집중 강우에 따른 뿌리 들림, 토양 유실 등 생육 기반까지 나빠지면서 고사목이 크게 늘어났다. 이에 더해 병해충 피해까지 겹치고 제주조릿대와 소나무까지 침입해 구상나무의 생존이 위태롭다.

특히 기후 변화에 따른 겨울철(2월) 기온 상승과 적은 적설량 그리고 봄철(3월) 강우량 부족이 가뭄으로 이어져 구상나무 생장에 지장을 준다. 2월 기온이 상승하면서 적설량이 적은 산지에서 봄에 눈이 빨리 녹고 가뭄까지 겹치면 토양 수분이 부족해지면서 수분 스트레스를 받는다. 여름 폭염과 빈번한 태풍 등도 구상나무를 힘들게 한다. 전나무류의 고사 현상은 우리나라만이 아니라 유럽과 북미에서도 문제가 되고 있다. 앞으로 기후 변화 속도가 빨라지면서 아고산대 바늘잎나무 숲의 쇠퇴는 더욱 빠르게 이어질 것이다.

기후 변화로 고사 위기에 있는 아고산대 바늘잎나무를 지키려면 어린 바늘잎나무들이 대를 이어 가도록 숲의 밀도를 낮춰 나무 간 경쟁을 줄이고 생존력을 높여야 한다. 바늘잎나무 숲이 대를 잇기 위해서는 좋은 씨앗을 채취하고 묘목 생산에 나서는 한편, 현지 내 안전지대, 현지 외 보존원, 대체 서식지 등을 고루 길러서 최악에 대비해야 한다.

환경부의 《한국 기후 변화 평가보고서 2020》에서는 지구 온난화로 한반도 아고산대에 자라는 바늘잎나무가 현재 분포하는 자리에서 밀려나 쇠퇴하는 것으로 분석했고, 이러한 추세는 앞으로 더 빠르게 진행될 것으로 전망했다.

아고산 생태계는 고산대와 함께 기후 변화에 따른 악영향을 가장 먼저 받게 되는 곳이므로 우량한 바늘잎나무 숲을 보전하고 훼손된 서식지는 복원해야 한다. 기후 변화에 대응해 아고산대 바늘잎나무 숲을 지키려면 나무와 숲을 동시에 보는 눈으로 현장에서 자연 생태계를 들여다보며 해답을 찾아야 한다.

아고산대 바늘잎나무와 함께 지구 온난화에 취약한 최대 피해자는 높은 산꼭대기를 중심으로 자라는, 큰키나무가 자라지 않는 고산대에 분포하는 늘푸른바늘잎나무인 눈향나무, 눈잣나무, 눈주목, 눈측백 등이다. 이 밖에도 한라산 정상에 자라는 늘푸른넓은잎나무인 돌매화나무, 시로미 등과 설악산의 만병초, 노랑만병초, 월귤, 홍월귤 등 북극권과 공통적으로 자라는 키 작은 꼬마나무도 지구 온난화 취약종이다. 전 세계에서 한반도 아고산대에만 고립 격리돼 분포하는 구상나무는 한반도가 지구적 분포의 남방 한계선으로, 식물 지리와 유전적으로 가치가 높은 고산 식물의 운명이 바람 앞의 촛불처럼 깜박이고 있다.

바늘잎나무를 괴롭히는 병해충

1950년대까지 우리 숲의 60%를 차지하던 소나무는 외래 유입 곤충에 집중적인 피해를 입어 이제는 절반 이상 사라졌다. 일본에서 1929년에 들어온 솔잎혹파리병, 1963년에 처음 발생한 솔껍질깍지벌레는 소나무재선충병과 함께 소나무 숲에 큰 피해를 주고 있다.

《고려사》 기록에 의하면, 송충이 피해는 고려 숙종 때로 거슬러 올라간다. 송충이는 솔나방 애벌레로 소나무 잎을 갉아먹어 피해를 주는데, 주로 7~8월에 나타나며 1960년대에도 큰 피해를 입혔다. 송충이가 솔잎을 먹어 치워 광합성 활동이 막히면 소나무와 잣나무는 말

소나무재선충병 예방 주사
서울 청계산

소나무재선충병 예방 나무주사

○ 고유번호 : 2016 -   호
○ 방제방법 : 나무주사
○ 약 제 명 : 아바멕틴 분산성액제 1.8%
○ 주 입 량 : 흉고직경 5cm당 5ml
○ 주입날짜 : 2016년   월   일
○ 시행기관 : 서초구청 공원녹지과(02-2155-6878)
※ 약효기간 2년간 식용으로 잣을 사용하지 마십시오.

라 죽는다. 최근에는 일 년에 한 번 알을 낳는 솔나방이 온난화에 따라 두 번 이상 산란해 개체 수가 급증하는 일이 20여 년 만에 나타나기도 했다.

1970년~1980년대에 많은 소나무를 죽이며 극성을 부렸던 솔잎혹파리 피해는 1930년 서울 창덕궁과 전남 무안에서 시작됐다. 솔잎혹파리는 솔잎 밑부분의 연약하고 점액이 풍부한 조직의 수액을 빨아먹어 피해를 준다.

소나무재선충병은 북아메리카에서 들어온 나무 병으로 1905년 일본, 1982년 중국, 1985년 타이완, 1988년 한국, 1999년 포르투갈, 2008년 스페인에서 발병해 전 세계로 퍼지고 있다. 소나무재선충병은 감염되면 100% 말라 죽는 치명적인 소나무류 병으로, 1988년에 일본에서부터 부산 금정산을 거쳐 들어와 2000년대 초기에 우리나라 전국으로 번졌다.

소나무재선충은 길이 1㎜ 내외의 실처럼 생긴 병원체다. 재선충이 소나무, 곰솔(해송), 잣나무 등의 조직 안으로 침투해 나무에서 짧은 시간에 빠르게 증식해 물관을 막아 수분 흐름을 막고 나무를 빠르게 죽게 하는 것이 소나무재선충병이다. 소나무재선충병을 옮기는 북방수염하늘소와 솔수염하늘소 등 하늘소류는 소나무 등 바늘잎나무의 껍질을 갉아먹는 습성이 있는데, 이때 몸속에 있던 소나무재선충이 입을 통해 나무에 감염된다. 건강한 소나무류가 재선충병에 감염되는 시기는 매개충인 하늘소가 활동하는 봄과 여름 사이다. 하늘소에서 옮겨 간 재선충 1쌍이 20일 뒤 20만여 마리로 늘어나지만, 마땅한 치료법이 없다.

일반적으로 소나무 바늘잎은 누렇게 말라 죽은 뒤 나중에 떨어진다. 그러나 소나무재선충병으로 말라 죽은 소나무는 솔잎이 나무에서 떨어지지 않고 우산살 모양으로 쳐져 그대로 달라붙어 있다. 재선충이 단시간 내에 소나무의 수분과 영양 공급을 막아 고사시켜 솔잎이 잘 떨어지지 않는 것이다.

소나무재선충병에 감염된 나무는 그해에 80%가 죽고, 그다음 해에 20%가 죽는 등 100% 죽기 때문에 예방이 최선이다. 고사목을 조기 발견해 제거하는 것도 피해를 줄이는 데 중요하다. 소나무재선충병에 감염된 나무는 외부로 반출하지 않고 현장에서 불에 태우거나 분쇄해야 한다. 감염목은 모두 잘게 잘라 살충제를 넣고 비닐을 씌워 훈증 처리해야 한다. 또한 감염 지역의 목재 반출을 금지하고 주민의 입산도 통제해야 한다.

소나무재선충병에 감염되지 않은 나무에는 예방 주사를 놓거나, 약제를 살포해 솔수염하늘소와 북방수염하늘소를 죽여야 한다. 2005년에 발효된 소나무재선충병 방제특별법에 따라 소나무재선충병이 발생한 지역 반경 10㎞ 이내에는 소나무류를 심지 못한다.

소나무재선충병에 의한 소나무류의 피해는 매우 커서 2007년에는 137만 그루, 2014년에는 218만 그루가 말라 죽었으며, 점차 피해가 줄어드는 추세다. 지난 20년 동안 소나무재선충병을 막기 위해 1,300만 그루의 나무를 방제하는 데 7,700억 원의 비용이 들었다.

기후 변화로 수목이 고온 혹은 가뭄 스트레스를 받으면 병해충에 대한 감수성이 높아진다. 아열대성 병해충이 겨울을 나고, 급격한 환경 변화로 활력이 있는 천적이 감소하는 등 여러 요인으로 바늘잎나무에 병해충이 번질지 전문가들은 주목하고 있다.

묘지, 납골묘, 수목장
아니면

예로부터 매장 풍습이 있던 우리나라에는 약 2천여만 기의 분묘가 있으며, 면적으로는 약 1천㎢를 넘는다. 국토 면적(9만 9,600㎢)의 1%, 서울시(605㎢) 넓이의 1.6배에 이르는 규모다. 해마다 18만 기의 묘지와 납골묘가 늘면서 여의도 면적(840ha)만큼의 숲이 사라지고 있다.

자연장自然葬은 어디에 뼛가루를 묻느냐에 따라 수목장, 화초장, 잔디장, 해양장 등으로 나누어진다. 사람이 죽은 뒤 화장해 생긴 뼛가루(분골)를 수목, 화초, 잔디 등의 뿌리 밑이나 주변에 묻는 방법이다.

그중 수목장樹木葬은 나무 밑에 지면으로부터 30㎝ 이상 깊이로 땅을 파고, 그 속에 화장한 분골을 종이봉투, 나무 상자, 자연 분해되는 유골함 등에 넣어 묻는 장례 방법이다. 소나무, 잣나무, 은행나무, 왕벚나무, 단풍나무 등을 주로 이용한다. 2012년부터는 국토해양부 법령에 따라 해안선, 호수, 강가로부터 5㎞ 밖에서는 화장한 분골을 장사葬事 지낼 수 있다.

수목장은 1999년에 스위스에서 시작했고, 독일, 영국, 오스트리아, 뉴질랜드, 일본 등에서 널리 도입했다. 국내에서는 2009년 산림청이 경기도 양평 국유림(55ha)에 국내 최초로 수목장림을 만들었다. 국내에서는 2004년 나무를 연구하던 고려대 김장수 교수가 경기도 양평 고려대 농업연습림 굴참나무 아래 묻힌 게 처음이다.

최근에는 사람들이 육체적 삶, 인간적 관계, 정신적, 물질적 유산 등의 아름다운 마무리를 하려는 '웰 다잉well dying 시민운동'의 하나로 친환경적 에코 다잉eco dying에 뜻을 같이하는 사람들이 수목장을 한다. SK그룹 창업주 고 최종현 회장은 나무를 심어 숲을 가꾸어 사회에 기부했고, 1998년 사망한 뒤 묘지를 만들지 않고 화장했다. 상록재단과 화담숲이라는 식물원을 만들고 자연 보전에 앞장선 LG그룹 고 구본무 회장도 묘지를 만들지 않는 수목장을 치렀다. 미국인으로 한국에 귀화해 충남 태안 바닷가에 평생에 걸쳐 천리포수목원을 만든 고 민병갈 원장도 묘지를 만드는 대신 수목원 나무 밑에 묻혔다.

최근에는 경제적인 이유와 관리의 어려움 때문에 봉분이 있는 묘지를 만드는 대신 납골묘가 유행한다. 그러나 돌을 가공해 만든 석물, 봉분과 납골묘는 수천 년이 지나도 풍화되지 않아 실제로는 봉분보다 더 큰 부담을 자연에 주므로 삼가야 한다. 값이 비싼 소나무나 암석을 자연장에 사용하는 것도 바람직하지 않다.

수목장을 할 수 있는 자연장지自然葬地는 산림청장이나 지방 자치 단체장 등이 조성한 공설, 민간에서 조성한 사설 시설이 있다. 공설 자연장지도 현재 전국적으로 50여 곳 정도에 달한다. 자연장지에 대한 정보는 보건복지부가 운영하는 e하늘장사정보 누리집(www.ehaneul.go.kr)에서 확인할 수 있다. 일생을 마감한 뒤 굳이 땅 위에 어떠한 흔적을 남기는 것보다 살아 있을 때 좋은 기억과 모범을 보이는 삶이 값지다.

바늘잎나무 숲을 보는
다른 눈

나는 높은 산에 자라는 고산 식물을 중심으로 산과 들 그리고 섬에 분포하는 나무와 생태계에 영향을 미치는 환경 요인을 기후, 인간과 연결해 들여다보는 연구를 한다. 우리나라와 세계 여러 나라를 답사하면서 자연 생태계와 사람에 대해 새로운 사실을 하나씩 알아 가는 즐거움은 어디에 비할 수 없는 기쁨이다.

여러분도 앞으로 산에 간다면 쫓기듯, 경쟁하듯 빠른 속도로 발걸음을 재촉하지 말고 풀과 나무를 들여다보고 껴안아 보기도 하고 새와 다람쥐에게 말도 걸어 보면서 달팽이처럼 느리게 자연 생태계와 호흡하기 바란다. 건강을 위해서라면 굳이 산꼭대기까지 올라가야 할 이유도 없다. 시골길이나 둘레길을 느리게 걸으면서 자연의 숨결을 느끼고 위안받으며 벗과 즐거운 이야기를 나누는 것이 훨씬 정신과 육체 건강에도 좋다.

여러분은 어릴 때부터 자연 속에서 흙, 물, 풀, 나무 등 생명체와 친해지는 교육을 제대로 받은 기억이 있는지 모르겠지만 나는 그렇지 못했다. 이런 잘못된 자연 교육의 폐해를 미래 세대에게 물려주지 않아야 자연의 권리를 존중하면서 자연과 공생하는 사람으로 살 수 있을 것이다.

우리에게 필요한 것은 바르게 자연을 알고, 자연을 누리려는 권리를 주장하기에 앞서 자연을 위해 우리가 해야 할 책임을 먼저 생각하는 마음가짐과 실천이다.

아이들이 느리게 산보하며 숲이라는 세상에서 행복을 느끼도록 어른들이 올바른 길라잡이가 되어 보자. 숲에서 누군가 바늘잎나무에 대해 물었을 때 자신 있게 대답을 하는 데 이 책이 도움이 되기를 소망한다. 이제 바늘잎나무가 있는 숲으로 가자.

- 공우석, 2003, 《한반도 식생사》(대우학술총서 556), 아카넷

- 공우석, 2004, 〈한반도에 자생하는 침엽수의 종 구성과 분포〉, 《대한지리학회지》 39(4), 528~543쪽

- 공우석, 2006, 〈한반도에 자생하는 소나무와 나무의 생물지리〉, 《대한지리학회지》 41(1), 73~93쪽

- 공우석, 2006, 〈북한 소나무과 나무의 생태와 자연사〉, 《환경영향평가》 15(5), 323~337쪽

- 공우석, 2006, 《북한의 자연생태계》(아산재단연구총서 202), 집문당

- 공우석, 2007, 《생물지리학으로 보는 우리식물의 지리와 생태》, 지오북

- 공우석, 2012, 《키워드로 보는 기후변화와 생태계》, 지오북

- 공우석, 2016, 《침엽수 사이언스 I: 한반도 소나무과의 식물지리, 생태, 자연사》, 지오북

- 공우석, 2018, 《왜 기후변화가 문제일까?》, 도서출판 반니

- 공우석, 2019, 《우리 나무와 숲의 이력서》, 청아출판사

- 공우석, 2020, 《지구와 공생하는 사람》, 이다북스

- 구경아, 박원규, 공우석, 2001, 〈한라산 구상나무의 연륜연대학적 연구 -기후변화에 따른 생장변동 분석-〉, 《한국생태학회지》 24(5), 281~288쪽

- 신문현, 임주훈, 공우석, 2014, 〈산불 후 입지에 따른 소나무 분포와 환경 요인 : 강원도 고성군을 중심으로〉, 《한국환경복원기술학회지》 17(2), 49~60

- Kong, W.S. & Watts, D., 1993, The Plant Geography of Korea, Kluwer Academic Publishers, The Netherlands

- Kong, W.S., 2000, Vegetational history of the Korean Peninsula, Global Ecology & Biogeography, 9(5), 391~401.

- Kong, W.S., Lee, SG., Park, H.N., Lee, Y.M., Oh, S.H., 2014, Time-spatial distribution of *Pinus* in the Korean Peninsula, Quaternary International, 344(1), 43~52.

· Kong, W.S., Koo, K.A., Choi, K., Yang, J.C., Shin, C.H., Lee, S.G., 2016, Historic vegetation and environmental changes since the 15th century in the Korean Peninsula, Quaternary International, 392, 25~36.

· Koo, K.A., Park, W.K. & Kong, W.S., 2006, Conifer diversity of the Republic of Korea(South Korea) and the Democratic People's Republic of Korea(North Korea), pp. 140~141, Price, M.F.(ed.), Global Change in Mountain Regions, Sapiens Publishing, U. K.

· Koo, K.A., Kong, W.S., Park, S.U., Lee, J.H., Kim, J.U., Jung, H.C., 2017, Sensitivity of Korean fir(*Abies koreana* Wil.), a threatened climate relict species, to increasing temperature at an island subalpine area, Ecological Modelling, 353, 5~16.